Das Fischereibuch Maximilians I.

Nach dem Original der Österreichischen Nationalbibliothek in Wien
Cod. 7962

„Per tot discrimina rerum"

(Durch so viele Gefahren)

Maximilian I. von Habsburg

Das Fischereibuch Maximilians I.

Faksimile und Transkription

Martin Hochleithner
(Herausgeber)

Wolfgang Hohenleiter
(Autor)

AquaTech
Publications

Impressum

Titelbild: Wappen Kaiser Maximilians I.
Bildquellennachweis: Wikipedia.org
Umschlaggestaltung: Martin Hochleithner

AquaTech Publications
Unterbrunnweg 3
6370 Kitzbühel, Österreich

http://www.start.at/aqua
http://www.aqua-tech.eu
http://www.aquatech.8m.com

Hergestellt in Deutschland:
Books on Demand GmbH
ISBN: 978-3-902855-14-5

In Zusammenarbeit mit:
Österreichische Nationalbibliothek
Wien (Cod. 7962)

Inhalt

Vorwort

Das so genannte Tiroler Fischereibuch Maximilians I. ist seit dem 16. Jahrhundert in der Bibliothek Erzherzog Ferdinands II. (1529–1595) auf Schloss Ambras bei Innsbruck nachweisbar. Im Auftrag Maximilians wurde es 1504 vom Sekretär und Jagdschreiber Wolfgang Hohenleiter geschrieben; die Ausstattung mit zwei Wappenseiten und sechs Miniaturen wird dem Innsbrucker Hofmaler Maximilians, Jörg Kölderer, zugeschrieben.

Seinen Weg in die Hofbibliothek nach Wien fand das Werk im Jahre 1665, als nach dem Aussterben der tirolischen Linie der Habsburger im Mannesstamme der Bestand der Bibliothek in die Residenz des neuen Landesherren, des in Wien residierenden Kaisers Leopold I. (1685–1705) übertragen wurde. Bis auf ein kurzes Intermezzo in der Zeit der Napoleonischen Kriege, als der Codex mit vielen anderen Zimelien aus der Hofbibliothek vorübergehend nach Paris, an die *Bibliothèque Imperiale* entführt wurde und 1816 unversehrt nach Wien zurückgekehrt ist, bildet die Handschrift seither ein Kernstück der an „Maximiliana" so reichen Sammlung der Österreichischen Nationalbibliothek.

Die Handschrift misst ca. 32 x 22 cm und setzt sich aus 60 Papier- und Pergamentblättern zusammen. Doch nicht alle Blätter wurden beschrieben; naheliegend erscheint, dass Platz für Nachträge ausgespart wurde. Der Schreiber Wolfgang Hohenleiter hat, seiner Profession entsprechend, den Text mit kalligraphischer Routine ausgeführt und wohl auch die Rubrizierung, die in roter Schrift ausgeführt wurde und die Ausstattung mit den kunstvoll verschlungenen Initialen selbst vorgenommen.

Der ehemals reich verzierte Einband, der schon im Ambraser Inventar von 1663 als desolat beschrieben wurde, wurde unter Gerard van Swieten, Präfekt der Wiener Hofbibliothek, im Jahr 1763 durch einen einfachen Pergamenteinband ersetzt.

Während die beiden Wappenseiten als Herrschaftszeichen anzusehen sind bzw. den territorialen Rahmen – es werden die Gewässer der Grafschaften Görz und Tirol behandelt – abstecken, bestechen die Miniaturen durch ihren erzählerischen Reichtum. Höfische Gesellschaften, die Jagen und Fischen, sowie die weniger romantische Schilderung der handwerklichen Aspekte dieser Tätigkeiten sind eingebunden in dramatische Seen- und Berglandschaften. Dabei wird auf ideale Weise der illustrative Charakter der Schilderungen mit einer phantasievoll ausgeschmückten Umgebung verbunden. Die Beschreibungen und die Miniaturen sind nur lose miteinander verbunden, sodass es möglich erscheint, dass die Ausstattung mit den Bildern erst nachträglich eingefügt wurde um dem kaiserlichen Auftragswerk auch eine gewisse Würde und Pracht zu verleihen. Tatsächlich ist das hier vorliegende Fischereibuch, wie auch das genauso berühmte Jagdbuch, wohl nur als Teil eines umfänglicheren Konzeptes zu sehen, in dem ursprünglich wohl alle Länder Maximilians berücksichtigt hätten werden sollen.

Nach der ausführlich kommentierten Faksimileausgabe des Jahres 1967 bietet die durch Martin Hochleithner herausgegebene und von Wolfgang Hohenleiter als Autor beschriebene Ausgabe erneut die Möglichkeit, diese in vielerlei Hinsicht bemerkenswerte Handschrift einem interessierten Publikum zugänglich zu machen.

Dr. Andreas Fingernagel, Direktor der Sammlung von Handschriften und alten Drucken

Österreichische Nationalbibliothek

Einleitung

Das Fischereibuch Maximilians I. von Habsburg, aus dem Jahre 1504, geschrieben vom Jagdschreiber Wolfgang Hohenleiter, wobei der landesfürstliche Fischmeister Martin Fritzen das Material dafür aufnahm, ist eines der ältesten erhalten gebliebenen Bücher über die Bewirtschaftung von Fischgewässern in Tirol und Görz. Es ist selbst nach mehr als einem halben Jahrtausend immer noch von Bedeutung und Interesse.

Kaiser Maximilian I. war nicht nur ein großer Ritter und Herrscher, sondern auch ein begeisterter Jäger und Fischer. Unter ihm kam es zu intensiven Bemühungen um Besatz, Hege, Schutz und Nutzung der Fischbestände. Motiv für diese Maßnahmen war einerseits die Freude am Fischfang, andererseits die Nutzung der Fischbestände für die Verpflegung des Landesherren und seines Gefolges.

Die Beschreibung in seinem Buch sollte Maximilian I. und den künftigen Landesfürsten die Kenntnis vermitteln, welche Fischgewässer zu ihrem Nutzen und Vergnügen dienen, welche Arten von Fischen sie beherbergen und wann diese Fische gefangen und für die Hofküche verwendet werden sollten. Die Beschreibung der Gewässer war dabei relativ genau und viele Gewässer haben heute noch so ähnliche Namen, so dass eine Identifizierung durchaus möglich ist.

Mit wenigen Ausnahmen werden dabei nur die unmittelbaren landesfürstlichen Fischgewässer (insgesamt 110) berücksichtigt. Einige dieser Gewässer waren künstlich angelegt und sind heute großteils nicht mehr vorhanden. So befanden sich so genannte Ablassseen (Teiche) bei Ambras, Wiesen, Natters, Völs, Spiegelfreud und auf dem Seefeld. Andere so genannte Wildseen sind meist sehr klein und abgelegen. Für Maximilian I. boten diese Gebirgsseen sowohl wichtige Nahrung als auch willkommene Erholung während seinen Jagdausflügen in entfernten Gegenden.

Interessant ist, dass zwar die größten Seen (Achensee, Plansee, Kalterer See) erwähnt werden, aber die größten Flüsse des Landes (Inn, Lech, Etsch) im Fischereibuch nicht als Fischgewässer erwähnt werden. Vermutlich wurde das Fischereibuch auch nicht komplett fertig gestellt, denn es hat 60 Blätter (120 Seiten), wobei Blatt 42-46 und Blatt 57-60 leer sind (Blatt 48 ist nicht vorhanden bzw. wurde bei der Nummerierung übersprungen), so dass angenommen werden kann das noch einige Gewässer (im Etschland und um Görz) später nachgetragen werden sollten.

Die alte Handschrift (Tinte auf Papier) ist mit etwas Übung, auch heute noch relativ gut zu lesen und zu verstehen. Einige der früheren Bezeichnungen über Fischarten wie Phrillen (Pfrillen = Elritzen) und Tolben (Tolm = Koppen), oder Fanggeräte wie Pern (Hamen) und Taupl (Senke), werden im Tiroler Dialekt auch heute noch großteils so oder so ähnlich bezeichnet.

Die darstellende Kunst wollte Maximilian I. dabei nicht missen, prunkvolle Wappenschilde und lebensvolle Darstellungen von Jagd- und Fischereiszenen, dem Hofmaler Jörg Kölderer zugeschrieben, machen das Buch anschaulicher und lebendiger. Die szenischen Farbbilder sind für den Fachmann von hohem Interesse, da sie den damaligen Fischereibetrieb und die verwendeten Fischereigeräte gut veranschaulichen. Auf einigen Bildern ist auch Maximilian I., erkennbar an seiner grauen Jagdkleidung, selbst abgebildet.

Das historisch wertvolle Original des Fischereibuchs Maximilian I. befindet sich heute in der „Sammlung von Handschriften und alten Drucken“ (Codex Nr. 7962) der Österreichischen Nationalbibliothek in Wien. Neben dem Original aus dem 16. Jahrhundert gibt es noch zwei gleiche Abschriften vom Ende des 17. und Anfang des 18. Jahrhunderts, sowie zwei veränderte Ausgaben aus dem 20. Jahrhundert (Mayr 1901, Unterkircher 1967).

Die nun vorliegende Wiedergabe des Fischereibuches von Maximilian I., beinhaltet sowohl die Faksimile als auch die Transkription des Originals, wobei auf den folgenden Seiten jeweils das Faksimile auf der linken (geraden) Seite und die Umschrift in „Frakturschrift“ und Übersetzung in „Rundschrift“ auf der rechten (ungeraden) Seite steht. Die Nachzeichnungen der Bilder (auf der rechten Seite) stammen dabei aus Mayr, 1901.

Das Buch ist nicht nur für Angler und Fischer interessant sondern auch für Gewässerinhaber und -bewirtschafter, sowie Biologen, Historiker und Kunstliebhaber. Mit der Herausgabe dieser Reproduktion soll das interessante Buch einem weiteren Leserkreis zugänglich gemacht werden. Ich wünsche Ihnen viel Spaß beim Lesen.

Kitzbühel, 2013 Martin Hochleithner

Abbildungen

Beschreibung der Abbildungen

Bildquellennachweise:
Faksimilabbildungen – Bildarchiv, Österreichische Nationalbibliothek, Wien.
Transkriptionsabbildungen – Mayr M., 1901.

Faksimile & Transkription

Dem Allerdurleuchtigisten grosmechtigisten fursten vnd herrn herrn Maximilian Römischen kunig zu allentzeiten merer des Reichs zu hungern dalmatien Croatien etc. kunig Ertzhertzogen zu osterreich hertzogen zu Burgundi zu loterich zu Brabannt zu Steir zu kerndten zu Crain zu lymburg zu Lutzemburg vnd zu Gheldern Lanndtgraven in Elsass fursten zu Swaben Phallenntzgraven zu habspurg zu Burgundi vnd zu henigew. furst. vnd graven zu flanndern zu Tirol zu Görtz zu Arthois zu hollannd zu Seelannd zu Phirrt zu kiburg zu Namur vnd zu Zutphen. Marggraven des heiligen Römischen Reichs der Enns vnd Burgaw herr zu frieslannd auf der Windischen Marckh zu Mecheln zu Portenaw vnd zu Salins etc. Meinem allergenedigisten herrn. Hab Ich Wolfganng hohenleiter aus beuelh derselben seiner kunigclichen Maiestat Alle See Vischwasser vnd pach so in obgemelten Grafschafften Tirol vnd Görtz gelegen Durch antzaigen Martin fritzen der zeit seiner kunigclichen Maiestat

Vischmaister ein puech beschriben vnd gemacht. Wie hernach volgt damit sein kunigclich Maiestat derselben Erben vnd nachkumen Ertzhertzogen zu Osterreich etc. solher Vischwaiden. allzeit zu nutz vnd lust ein gewislich wissen haben mugen. Was ein yeder See Vischwasser oder pach Visch innen haben auch wann vnd zu welher zeit die selben zu vischen vnd fahen guet sein vnd in kunigclichen Maiestat hof notdurfften zu gefuert vnd gebraucht sollen werden. Beschehen im funfftzehenhundertisten vnd im vierden Jare.

Dem Allerdurchleuchtigisten grosmechtigisten Fürsten vnd herrn, hern Maximilian Romischen Kunig, zu allentzeiten merer des Reichs, zu Hungern, Dalmatien, Croatien u. kunigen, Ertzhertzogen zu osterreich, Hertzogen zu Burgundi, zu Loterick, zu Brabannt, zu Steir, zu Kernndten, zu Crain, zu Lymburg, zu Lutzennburg vnd zu Ghelldern, Lanndtgrauen in Elsess, Fürsten zu Swaben, Phallentzgrauen zu Habspurg, zu Burgundi vnd zu Honigew, Furst vnd grauen zu Flanndern, zu Tirol, zu Görtz, zu Arthois, zu Hollannd, zu Seelannd, zu Phierrt, zu Kiburg, zu Namur vnd zu Zuphen, Marggrauen des heiligen Römischen Reichs der Enns vnd Burgaw, Herr zu Frießlannd, auf der Windischen Marckh, zu Meheln, zu Portennaw vnd zu Salins u. Meinem allergenedigisten Herrn hab ich, Wolfgann Hohenleiter, aus beuelch derselben seiner Kunigclichen maiestat, Alle See, Vischwasser vnd päch, so in obgemelten Grafschafften Tirol vnd Görtz gelegen, Durch antzaigen Martin Fritzen, der zeit seiner kunigclichen maiestat vischmaister, ein puech beschriben vnd gemacht, Wie hernach volgt, Damit sein kunigclich maiestat, derselben Erben vnd nachkumen, Ertzhertzogen zu Osterreich u. solher Vischwaiden Alltzeit zu nutz vnd lusst ein gruntlich wissen haben mugen, Was ein yeder See, Vischwasser oder pach Visch ynnen haben, Auch wann vnd zu Welher zeit dieselben zu Vischen vnd fahen guet seien vnd Irer kunigclichen maiestat hoffnotdurfften zu gefuert vnd gebracht sollen werden. beschehen im Funfftzehenhundertisten vnd im Vierden Jaren.

Dem Allerdurchlauchtigsten, großmächtigsten Fürsten und Herrn, Herrn Maximilian, Römischen König, zu Allenzeiten Mehrer des Reichs, König von Ungarn, Dalmatien, Kroatien u. Erzherzog zu Österreich, Herzog zu Burgund, zu Lothringen, zu Brabant, zu Steir, zu Kärnten, zu Krain, zu Limburg, zu Luxemburg und zu Geldern, Landgraf in Elsass, Fürst zu Schwaben, Pfalzgraf zu Habsburg, zu Burgund und zu Hennegau, Fürst und Graf zu Flandern, zu Tirol, zu Görz, zu Artois, zu Holland, zu Seeland, zu Pfirt, zu Kiburg, zu Namur und zu Zutphen, Marktgraf des Heiligen Römischen Reichs ob der Enns und Burgau, Herr zu Friesland, auf der Windischen Mark, zu Mecheln, zu Portenau und zu Salins usw. Meinem Allergnädigsten Herrn hab ich, Wolfgang Hohenleiter, auf Befehl derselben, seiner königlichen Majestät, über alle Seen, Fischgewässer und Bäche, sofern in obgenannten Grafschaften Tirol und Görz gelegen, durch Anzeigen von Martin Fritzen, derzeit Fischmeister seiner königlichen Majestät, ein Buch geschrieben und gemacht, wie hiernach folgt, damit seine königliche Majestät, deren Erben und Nachkommen, die Erzherzöge zu Österreich usw., zu ihrer Nutzung und Freude über solche Fischwaiden jederzeit ein gründliches Wissen haben mögen, welche Fische in jedem See, Fischgewässer oder Bach darin sind, wann und zu welcher Zeit diese am besten zu fischen und fangen sind, und für die Bedürfnisse des Hofes ihrer königlichen Majestät zugeführt und gebracht werden sollen. Geschehen im Fünfzehnhundert und Vierten Jahr.

Wappenschild

Achensee

Der vischwasser vnd päch im gericht Rotnburg

Achensee

Der selb see ligt im Achental · der ist einer meil wegs
lanng vnd an etlichen ennden einer halben meil
prait · der hat sunder guet wol geschmach vischn
nemen · für kunig vnd fursten · Als renncken
Selbling Aschen kemmcken herchtn Prachsen Rutten
Persing · hassln vnd pfrillen · Vnnd ain lannds
furst · mag von solhem see · lust vnd nutz haben ·
wie hernach volgt · Vonerst mag der Lannds furst ·
die berurtn Selbling vnd Aschen · von ostern bis
auf sannd Johanns tag zu Sonnenwennden vischn
vnd die von den ostern · bis auf phingsten · ains iedn
tags lebentig gen Ynsprugg · oder an annder ennde ·
daselbs hinnb fueren lassen · vnd nach phingsten ·
bis auf sannd Bartlmes tag · kan man die der
hitz halben lebentig nyndert fueren · bis zu an-
gennder kelten ·

See, vischwasser vnd päch im Gericht Rotnburg*

Ahensee

Derselb See ligt im Ahental, der ist einer meil wegs Lanng vnd an etlichen ennden einer halben Meil prait, der hat sonnder guet wolgesmach Visch ynnen fur kunig vnd fürsten, Als nemlich Selbling, Aschen, Renncken, Hechten, Präxen, Rutten, Persing, Hasselen vnd Phrillen. Vnd ein lanndsfurst mag von sohem See lusst vnd nutz haben, Wie hernach volgt: Vonerst mag der Lanndsfurst die berürten Selbling vnd Aschen von ostern bis auf sannd Johanns tag zu Sonnenwennden Vischen vnd die von den ostern bis auf phingsten eins jeden tags lebentig gen Ynsprugg oder an annder ennde Daselbsumb fuern lassen, vnd nach phingsten bis auf sannd Bartlmes tag kann man die der hitz halben lebentig nyndert fuern bis zu angeender kelten.

Achensee

Dieser See liegt im Achental, er ist eine Wegmeile lang und an etlichen Stellen eine halbe Meile breit. Er hat besonders gute und wohlschmeckende Fische darin, für Könige und Fürsten, nämlich Saiblinge, Äschen, Renken, Hechte, Brachsen, Rutten, Barsche, Haseln und Elritzen. Ein Landesfürst kann von diesem See in folgender Weise Genuss und Nutzen haben: Vorerst kann der Landesfürst die genannten Saiblinge und Äschen von Ostern bis zum Sankt Johanns Tag zur Sonnenwende fischen und sie von Ostern bis Pfingsten alle Tage lebend nach Innsbruck oder sonst wohin in der dortigen Gegend bringen lassen; nach Pfingsten bis zum Sankt Bartlmäs Tag kann man der Hitze wegen die Fische lebend nirgendwo hinbringen, bis zur angehenden Kälte.

* Rottenburg

Item die renncken · so in demselben Achensee geen · mag
der Lanndsfurst · herbst zeiten auch lebenntig gen
Ynsprugg · zu des hofs notdurfft bringen lassen ·
Unnd sonnst die das gantz Jar frisch und grien haben
ausgenomen so die in laich sein · der sich anhebt umb
sannd Niclastag · und wert ungeverlichen achttag nach
Weichnechten · so steen die in die hail · und mag dir in
viertzehen tagen nit fahen ·

Item dieselben · hechten und praxen · die sein sonnd
guet und wolgesmach · und soll die in dem wagen
fahen · Unnd man mag derselben hechten und prexen
dem Lanndsfursten · zu solher zeit alle wochen ain
wagen fart · zu notdurfft des hofs gen Ynsprugg
lebentig bringen ·

Item der beruert · Achensee · hat auch wol · und groß Rutten
die zu zwaien und dreien phundten wegen · Und derselb
Rutten fanng · hebt sich an viertzehen tag vor Weich-
nechten · Und wert darnach · ungeverlichen funff
wochen lanng · Und man mag dem Lanndsfursten
zu solher zeit · alle wochen ain zenntn Rutten zu not-
durfft des hofs gen Ynsprugg · lebentig bringen

So geen auch in demselben · Achensee · persing
haslen · pfrillen · und annder clain visch · die sein
der vorgemelten vischen · aschen hechten prexen
ain speis · und unnderhaltung · etc.

Item die Rennncken, so in dem selben Ahensee geen, mag der Lanndsfurst herbst zeiten auch lebentig gen Ynsprugg zu des hoffnotdurfft bringen lassen, Vnnd sonnst die das ganntz jar frisch vnd gruen haben, ausgenomen so die im laich seien, der sich anhebt vmb sannd Niclastag vnd wert vngeuerlichen achttag nach Weichnechten, so steen die in die hail vnd mag die in viertzehen tagen nit fahen.

Item dieselben hechten vnd präxen, die sein sonnder guet und wolgesmach, vnd soll die in dem mayen fahen, Vnnd man mag derselben hechten und präxen dem Lanndsfürsten zu solher zeit alle Wochen ain wagen fart zu notdurfft des hofs gen Ynsprugg lebentig bringen.

Item der berürt Ahensee hat auch wol vnd gross Rutten, die zu zwaien vnd dreien phundten wegen. Vnd derselb Ruttenfanng hebt sich an Viertzehen tag vor weichnechten Vnd wert darnach Vngeuerlichen funff Wochen lanng. Vnd man mag dem Lanndsfursten zu solher zeit alle Wochen einen zennten Ruten zu notdurfft des hofs gen Ynsprugg lebentig bringen.

So geen auch in demselben Ahensee persing, haslen, phrillen vnd annder Clain Visch, die sein der vorgemelten Vörhen, Aschen, Hechten, prexen ain Speis vnd vnnderhaltung u.

Weiters die Renken, die im selben Achensee sind, kann sich der Landesfürst zu Herbstzeiten ebenfalls lebend nach Innsbruck für den Hofbedarf bringen lassen. Auch sonst kann er sie das ganze Jahr frisch und grün haben, ausgenommen in der Laichzeit, die um den Sankt Niklas Tag beginnt und ungefähr bis acht Tage nach Weihnachten dauert, so stehen sie unter Schutz und man soll sie vierzehn Tage lang nicht fangen.

Weiters sind die Hechte und Brachsen besonders gut und wohlschmeckend. Man soll diese im Mai fangen und zu solcher Zeit dem Landesfürsten alle Wochen eine Wagenfahrt derselben Hechte und Brachsen zum Bedarf des Hofes lebend nach Innsbruck bringen.

Weiters hat der genannte Achensee auch schöne und große Rutten, die bis zu zwei und drei Pfund wiegen. Derselbe Ruttenfang beginnt vierzehn Tage vor Weihnachten und dauert danach ungefähr fünf Wochen lang. Man soll dem Landesfürsten zu dieser Zeit alle Wochen einen Zentner Rutten zum Bedarf des Hofes lebend nach Innsbruck bringen.

Im selben Achensee sind auch Barsche, Haseln, Elritzen und andere Kleinfische, die den vorgenannten Forellen, Äschen, Hechten und Brachsen als Futter und Nahrung dienen usw.

Item ein Lanndsfürst mag auch selbs sonndern
lusst auf solhem See haben, dann er sol seine Visch
die Volbling, äschen und renncken mit der Segen
vischen und ziehen lassen, mag auch dartzu
zwai gejaid thun, hirschen und gembsen, dann
die hirsch von baiden gepirgen an denselben
See lauffen. Und daz gembß gejaid genant
der Seeperg stösst an Achensee und die stellwend
ligen gegen dem Achensee. Und der lanndsfürst
mag auf demselben See die weil das gembßwild
einstet vischen. Und das wild sehen einstain
und aufsteln oder mags selbs von dem Achensee
aus schiessen. Und so er im solh gejaid und
vischen verpracht, mag er alsdann mit seinem
hofgesind ein panngget im Vischhaws haben
Und darnach mag er ungeverlichen in dreien
stunden wider gen Swats reiten, und da herberg
haben. man mag auch dem Lanndsfürsten
solh Volbling und äschen bei dem Achensee ab-
sieden lassen, Und die fisch und guet
gen Stainach oder an annder ennd do er Jagt
bringen.

Und wo ein lanndsfürst lust auf dem gemelten
Achensee also freid und lusst haben wolte, so
sol man daz albeg ein tag oder zwen dem Visch-
maister oder den Vischern zuvor verkünden,
daz sy allen zeug zurichten und berait seien
damit dem Lanndsfürsten an seinem lusst
nicht versawmbt werde.

Item ein Lanndsfurst mag auch selbs sonndern lusst auf solhem See haben, dann Er sol seine Vischer die Selbling, Aschen vnd Renncken mit der Segen vischen vnd ziehen lassen, mag auch dartzu zwai gejaid thun, hirschen vnd gembsen, dann die hirschen von beden gepirgen an denselben See Lauffen, Vnnd daz gembßgejaid, genant der Seeperg, stösst an Ahensee. Vnnd der lanndsfurst mag demselben See, die weil das gembßwild einsteet, Vischen, Vnd das wild sehen einstein vnd ausfellen oder mags selbs von dem Ahense aus schiessen. Vnd so Er ein solh gejaid vnd Vischen verpracht, mag Er alsdann mit seinen hofgesind ein panнget im Vischhaws haben, Vnnd darnach mag Er vngeuerlichen in dreinen stunden wider gen Swats Reiten vnd da herberg haben. man mag auch dem Lanndsfursten solh Selbling vnd Aschen bei dem Ahensee Absieden lassen, Vnd die frisch vnd guet gen Stainach oder an annd ennd, do Er Jagt, bringen.

Vnd so ein lanndsfurst auf dem gemelten Ahensee Also freid vnd lusst haben wolte, so sol man daz albeg ein tag oder zwen dem Vischmaister oder den Vischern zuuor verkunden, daz dy allen zeug zurichten vnd berait seien, damit dem Lanndsfursten an seinen lusst nicht versawmbt werde.

Weiters kann ein Landesfürst auch selbst besonderes Vergnügen auf solchem See haben, wenn er seine Fischer die Saiblinge, Äschen und Renken mit dem Zugnetz fischen und ziehen lässt, und dazu auch zweierlei Jagd betreibt, auf Hirschen und Gämsen. Denn die Hirsche kommen von beiden Gebirgen an diesen See, und die Gamsjagd namens Seeberg grenzt an den Achensee. So kann der Landesfürst, während das Gamswild einsteht, auf diesem See fischen, und kann zusehen wie das Wild einsteht und ausfällt, oder er kann es selbst vom Achensee aus schießen. Hat er eine solche Jagd und Fischerei verbracht, kann er dann mit seinem Hofgesinde ein Bankett im Fischerhaus halten und danach kann er in ungefähr drei Stunden wieder nach Schwaz reiten und dort Herberge haben. Man kann dem Landesfürsten solche Saiblinge und Äschen am Achensee absieden lassen und sie frisch und gut nach Steinach oder anderswohin, wo er jagt, bringen.

Und wenn ein Landesfürst auf dem gemeldeten Achensee auch Freude und Lust haben möchte, so soll man das stets ein oder zwei Tage zuvor dem Fischmeister oder den Fischern verkünden, das die alles Zeug herrichten und vorbereitet sind, damit für die Ergötzung des Landesfürsten nichts versäumt wird.

Schlittersee

Yetzbestimbter Slittersee ligt vor im Zillerstall.
annderhalb meil von Swatz der hat ynnen
hechten kerphen und Prachsen · die sonnder gut
und wol gesmach darin werden · dann sy wol
Speiß visch und frisch wasser haben · Unnd
ist auch ein sonnder lusstiger See · fur ein
Lanndsfursten · dann es in demselben See ·
ein schonns lusst vischer haws hat · mag
auch dartzu ein hirschge Jaid haben · Und
die vischer · mit der degen ziehen und vischen
lassen · Unnd solh visch mag der lanndsfurst
furst durch gen Insprugg · oder wo er
daselbs ymb ist · lebentig furen lassen ·

Zillerpach

Obgemelter · Zillerpach · wert ungeverlichen
funff meil wegs · lanng und rint zunegst
an vorgenannten · Slittersee · fur · der hat
ynnen · Vorhen und Aschen · und so ein lannds ·
furst · den vorgedachten Slittersee · vischt
oder an denselben umbeden jaget mag er
den Ziller · pach auch vischen lassen · mit
dem angl und vischgezeug · und damit

Schlittersee

Yetzbestimbter Slittersee ligt vor im Zillerstall annderhalb meil von Swatz, der hat ynnen hechten, kerphen vnd Präxen, die sonnder gut vnd wolgesmach darinen werden, dann sy wol Speißvisch vnd Frisch wasser haben. Vnnd ist auch ein sonnder lusstiger See fur einen Lanndsfürsten, denn es in demselben See ein schönns lusst vischer haws hat. mag auch dartzu ein hirschengejaid haben Vnd die Vischer mit der Segen ziehen vnd vischen lassen. Vnnd solh visch mag der lanndsfürst auch gen Ynsprugg, oder wo Er daselbsumb ist, lebentig fuern lassen.

Schlittersee

Jetzt bestimmter Schlittersee (Schlitterer See) liegt vorne im Zillertal, eineinhalb Meilen von Schwaz. Er hat Hechte, Karpfen und Brachsen darin, die besonders gut und wohlschmeckend darin werden, da sie genügend Futterfische und Frischwasser haben. Es ist auch ein besonders vergnüglicher See für einen Landesfürsten, da es an diesem See ein schönes Lustfischerhaus gibt. Außerdem kann er dort eine Hirschjagd halten und die Fischer mit dem Zugnetz ziehen und fischen lassen. Diese Fische kann der Landesfürst auch lebend nach Innsbruck, oder wo er dort sonst ist, führen lassen.

Zyllerpach

Obgemelter Zillerpach wert Vngeuerlichen Fünff meil wegs Lanng vnd rint zu negst an Vorgenannten Slittersee fur. der hat ynnen Vörhen vnd Aschen. Vnd so ein lanndsfürst den vorgedachten Slittersee Vischt oder an dendelben ennden Jaget, mag Er den Zillerpach auch vischen lassen mit dem Anngl vnd Vischgreten vnd damit

Zillerbach

Oben gemeldeter Zillerbach (Ziller) ist ungefähr fünf Wegmeilen lang und rinnt nahe dem vorgenannten Schlittersee vorbei, er hat Forellen und Äschen darin. Wenn ein Landesfürst am vorher behandelten Schlitterer See fischt oder in derselben Gegend jagt, so kann er den Zillerbach auch befischen lassen mit der Angel und Korbreuse, und damit

Also lasst haben zusambt dem gejaid
vnd solher Zillerpach. Ist das march
zwischen der Grafschafft Tirol vnd
dem Bairischen lannd daselbst

also lusst haben zusambt dem gejaid. vnd solher Zillerpach ist daz march zwischen der Grafschafft Tirol vnd dem Baierischen lannd daselbst.

auch sein Vergnügen haben, zusammen mit der Jagd. Dieser Zillerbach ist die Grenze zwischen der Grafschaft Tirol und dem Bayerischen Land.

Vischwasser und Pach im gericht Frundtsperg

Pach in der Rüss

Der solb pach in der Rüss. Ist zwaier grossen meyl wegs lanng zu vischen. und hat ynnen guet vorhen und tolbm Unnd wo ein lannds fürst in der Rüss die hirsch gejaid. Jaget. mag Jme und seinem hofgesind. solher pach zu nutz und lusst wol erspriessen. dann der wol vorhen hat. und guet und wolgesmach darinn sind. Auch derselb pach mit der aeschgeth. pern. und angl vischen mag

Vischwasser vnd pach im Gericht Frundtsperg*

Pach in der Ruß

Derselb pach in der Ruß ist zwaier grossen meyl wegs lanng zu Vischen vnd hat ynnen guet vörhen vnd tolben. Vnnd wo ein lanndsfurst in der Ruß die Hirschgejaid jaget, mag Ime vnd seinem hofgesind solher pach zu nutz vnd lusst wol erspriessen, dann der wol vorhen hat vnd guet vnd wolgesmach darinen sind, Auch denselben pach mit der muschgeten, pern vnd Anngl vischen mag.

Bach in der Riß

Dieser Bach im Rißtal (Rißbach) ist zwei große Wegmeilen lang zu befischen und hat darin genug Forellen und Koppen. Wenn ein Landesfürst im Rißtal die Hirschjagd betreibt, kann dieser Bach ihm und seinem Hofgesinde viel Nutzen und Vergnügen bringen, da er viele Forellen hat, die gut und wohlschmeckend darin gedeihen, und man denselben Bach mit Netzreuse, Netzhamen und Angel befischen kann.

* Freundsberg

Der Ahenpach

Der obbestimbter Ahenpach der rint aus dem
Ahensee und ist dreier meil wegs Lanng
der hat Rinnen auch vorhen äschen kolben
und pfrillen und ein lanndsfürst mag
den auch vischen lassen und hetzt da-
mit haben zusambt dem gejaidt so da-
selbsumb sein.

Wildsee auf dem Sunnwendjoch

Dasselb wildseelein haist der jederensee
und ligt auf dem Sonnwendjoch hat
Rinnen auch vorhen. kolben und pfrillen
und das mag man auch also vischen zu
hetzt so ein lanndsfürst an denselben
ennden jagt und ime solh visch zu
seiner kuchl bringen lassen.

Der Ahenpach

Obbestimbter Ahenpach, der Rint aus dem Ahensee vnd ist dreier meil wegs Lanng. der hat ynnen auch vörhen, Äschen, tolben vnd phrillen, vnd ein lanndsfürst mag den auch vischen lassen vnd lusst damit haben zusamnt den gejaiden, so daselbsumb seien.

Der Achenbach

Oben bestimmter Achenbach (Ache) rinnt aus dem Achensee und ist drei Wegmeilen lang. Er hat darin auch Forellen, Äschen, Tolm (Koppen) und Pfrillen (Elritzen). Ein Landesfürst kann diesen auch befischen lassen und sich daran erfreuen, zusammen mit den Jagden, die dort herum sind.

Wildsee auf dem Sunwendjoch

Dasselb wildseelein haist der Irdereinsee vnd ligt auf dem Sonnwendjoch, hat ynnen auch vörhen, Tolben vnd phrilen. vnd das mag man auch also vischen zu lusst, so ein lanndsfürst an denselben ennden jaget, vnd Ime solh visch zu seiner kuchl bringen lassen.

Wildsee auf dem Sonnwendjoch

Dieses Wildseelein heißt Irdeinsee (Zireiner See) und liegt auf dem Sonnwendjoch, darin sind auch Forellen, Koppen und Elritzen. Man mag darin zum Vergnügen fischen, wenn ein Landesfürst in dieser Gegend jagt, und ihm diese Fische zu seiner Küche bringen lassen.

Vischwasser vnd See im gericht Rettemberg

Zwen Wild-see in Azolss

Und in dem selben tal azols ligen zwen Willdsee. die seinen besetzt mit vörhen und renncken. Und wo ain lannds fürst in bemeltem tal azols hirsch oder gambsen jaget. mocht er jme die selben wildseelein zu lust auch vischen lassen.

Vischwasser vnd see im Gericht Rettennberg*

Zwen Wildsee in Meelß

Vnd in demselben tal mels ligen zwen Willdsee, die seinen besetzt mit vörhen vnd Rennckhen. Vnd wo ein lanndsfürst im berürten tal mels hirschen oder gembsen jaget, mocht Er Jme dieselben wildseelein zu lusst auch Vischen lassen.

Zwei Wildseen im Mölstal

Und in diesem Mölstal liegen zwei Wildseen (Mölser Seen), die besetzt sind mit Forellen und Renken. Wenn ein Landesfürst im betreffenden Mölstal Hirschen oder Gämsen jagt, möchte er dieselben kleinen Wildseen, zu seinem Vergnügen auch befischen lassen.

* Rettenberg

Vischwasser vnd See im gericht Thaur

Seele zwischn Thaur vnd abson

Gemelts Seele ligt zwischn thaur vnd
Abson. Vnd ist auch besetzt mit
Hechten Asthen vnd karpfen. vnd
solh visch werdn guet in disem Seele.
Aber sy laichen nit darin. vnd so
ein lanndsfurst auf dem Sloss
Thaur ist mag er das vischen
vnd Ime die visch zu notdurft
seiner kuchl daselbshin bringen
lassen.

Vischwasser vnd see im Gericht Thaur

Seele Zwischn Thaur vnd abson

Gemelts Seele ligt zwischen Thawr vnd Abson. Vnd ist auch besetzt mit Vörhen, Aschen vnd Renncken. vnd solh visch werden guet in disem Seele, aber Sy laichen nit darinen. vnd so ein lanndsfurst auf dem Sloß Thawr ist, mag Er das vischen vnd Jme die visch zu notdurft seiner kuchl daselbs hin bringen lassen.

Seelein zwischen Thaur und Absam

Gemeldeter kleiner See (heute: Fischzucht Thaur) liegt zwischen Thaur und Absam und ist besetzt mit Forellen und Renken. Solche Fische werden zwar gut in diesem See, aber sie laichen nicht darin. Wenn ein Landesfürst im Schloss Thaur ist, kann er diesen See befischen und sich die Fische zum Bedarf seiner Küche dorthin bringen lassen.

Vischwasser See und Päch im landt gericht Sonnenburg

See zu Ombras

Derselb See zu ombraß hat ynnen hechten karphen prachsen Slain und Clain Speiß visch Und daz ist ein sunder lustiger und nutzlich See für ein lanndsfürsten dann der dem hof und der kuchl zu ynsprugg gantz gelegen und aller See in der grafschaft Tirol ein visch behalter ist auch solh visch behallter ist auch solh visch von disem See allstund gen ynsprugg bringen mag so besetzen sich auch die hechten selber darin und ein lannds fürst mag zu seiner kuchl visch genug daraus haben dann der See guoter visch behalter drei hat

Vischwasser, see vnd päch im Landtgericht Sonnenburg*

See zu Ombras

Derselb See zu ombraß hat ynnen hechten, kerphen, prächsen, slein vnd Clain Speißvisch. Vnd das ist ein sonnder lusstiger vnd nutzlich See fur ein lanndsfursten, dann der dem hof vnd der kuchl zu Ynsprugg ganntz gelegen vnd aller See in der grafschaft Tirol ein vischbehalter ist (auch solh Vischbehalter ist), auch solh visch von disem See allstund gen Ynsprugg bringen mag. so besetzen sich auch die hechten selber darinen. vnd ein lanndsfurst mag zu seiner kuchl visch genug daraus haben, dann der see gueter visch behalter drei hat.

See bei Ambras

Dieser See bei Ambras hat Hechte, Karpfen, Brachsen, Schleien und kleine Futterfische darin. Es ist ein besonders angenehmer und nützlicher See für einen Landesfürsten, da er dem Hof und der Küche in Innsbruck günstig gelegen, und für alle Seen in der Grafschaft Tirol ein Fischbehälter ist. Man kann die Fische von diesem See auch zu jeder Stunde nach Innsbruck bringen. Die Hechte erhalten sich selbst darin, und ein Landesfürst kann für seine Küche genug Fische daraus haben, denn der See hat drei große Fischbehälter.

* Sonnenberg

dürch ein Lanndsfürst. sonnderen lusst
dabei haben mag. dann die hechten
gern an denselben See. lauffen. vnnd
dartzu den Albog am anndern Jar zu
herbst zeiten zu lusst. ablassen. od-
Im sonnst mit der Segen darauf
vischen. vnd kurtzweilen lassen

Newsee auf der Kemnwys

Obbestimbter. Newsee. hat. Innen Aschen
grundeln vnd wol pfrillen. vnd kunig
Maximilian. hat solhen See. ein lannds
fürsten zu sonnderm lusst der valken-
paysse zurichten vnd machen lassen. dann
der. der Stat ynsprugg. gelegen ist
vnd ein Lanndsfürst. all stund hin-
aus dartzu reiten mag. vnd mit
valkenpaiss also lusst haben dann
die Antvogl gern auf solhen See
fallen. mag Im den auch zu
solher pais zu lusst zu vischen
verordnen.

Auch ein Lanndsfurst sonndern lusst dabei haben mag, dann die hirschen gern an denselben See laufen, vnnd dartzu den albeg am Anndern Jar zu herbst zeiten zu lusst ablassen oder Jme sonnst mit der Segen darauf vischen vnd kurtzweilen lassen.

Ein Landesfürst kann auch besonderes Vergnügen dabei haben, da die Hirsche gerne an denselben See laufen. Dazu kann er ihn stets jedes zweite Jahr zu Herbstzeiten zum Vergnügen ablassen oder mit dem Zugnetz darauf fischen und sich unterhalten lassen.

Newsee auf der Rennwiß

Obbestimbter New See hat ynnen Äschen, grundeln vnd wol phrillen. Vnd Kunig Maximilian hat solhen See einen lanndsfürsten zu sonderm lubst der valkenpayß zurichten vnd machen lassen, dann der Der Stat ynsprugg gelegen ist, vnd ein Lanndsfürst all stund hinaus dartzu reiten mag vnd mit Valkhenpaiß also lusst haben, dann die Antfogl gern auf solhen See fallen. mag Jme den auch zu solher pais zu lusst zu vischen verordnen.

Neusee auf der Rennwiese

Oben bestimmter Neusee (heute zugeschüttet) hat Äschen, Grundeln und viele Elritzen darin. König Maximilian hat diesen (künstlichen) See für das besondere Vergnügen der Falkenbeize für einen Landesfürsten so herrichten und machen lassen, da er nahe der Stadt Innsbruck (im Saggen) gelegen ist. Ein Landesfürst kann zu jeder Stunde dort hinaus reiten und mit der Falkenbeize auch Vergnügen haben, denn die Entenvögel fallen gerne auf diesen See ein. Neben dieser Beize kann er auch zu seinem Vergnügen anordnen, dass dort gefischt wird.

See zu Wisingen

Der Stainbter See zu Wysingen hat Innen vorhen, kerpfen, kotten und pfrillen. Unnd das ist auch ain sunnder lustiger See ainem Lanndsfürsten, dann der gut wolgeschmach visch und frisch wasser Innen hat, mag auch den albeg am dritten Jar ablassen und mit den Segen vischen lassen. Es lauffen auch die hirschen gern in den selben See, so ain lanndsfurst daselbst Jagt, und man mag bei selchem See zusambt dem Waid also lust haben. Auch die visch daraus dem Lanndsfürsten zu notdurfft seiner kuchl gen Insprugg bringen.

Pach zu Wysingen

Derselb pach rint aus obgeschriben See zu Wysingen, durch das Zimer tal hinab, der hat gut vorhen Innen. Unnd ain Lanndsfürst mag darauf lust haben mit dem pern und kreugl zu vischen, unnd so Er daselbst Jagt, mag Er Im selb vorhen zu seines hofs notdurfft zubringen lassen.

See zu Wisingen

Bestimbter See zu wysingen hat ynnen Vörhen, Kerpfen, Rutten vnd Phrillen. Vnnd das ist auch ein sonnder lusstiger See einen Lanndsfursten, dann der gut wolgesmach visch vnd frisch wasser ynnen hat, mag auch den albeg am dritten Jar ablassen vnd mit der Segen Vischen lassen. Es lauffen auch die hirschen gern in denselben See, so ein lanndsfurst daselbst jaget, vnd man mag bei solhem See zu sambt dem gejaid also lusst haben, Auch die visch dauon dem Lanndsfursten zu notdurfft seiner kuchl gen Ynsprugg bringen.

See bei Wiesen

Bestimmter See zu Wiesen (bei Rinn) hat Forellen, Karpfen, Rutten und Elritzen darin. Das ist auch ein besonders kurzweiliger See für einen Landesfürsten, denn er hat gute, wohlschmeckende Fische und Frischwasser. Man kann ihn auch stets im dritten Jahr ablassen und mit dem Zugnetz abfischen lassen. Es laufen auch die Hirsche in denselben See, wenn ein Landesfürst dort jagt. Man kann an diesem (künstlichen) See zugleich sein Vergnügen an der Jagd haben und auch die Fische daraus dem Landesfürsten für die Bedürfnisse seiner Küche nach Innsbruck bringen.

Pach zu Wysingen

Derselb pach Rint aus obgeschriben See zu Wysingen darnach das Zimer tal hinab. der hat guet Vörhen ynnen. Vnnd ein Lanndsfürst mag darauf lusst haben, mit dem pern vnd Anngl zu vischen. Vnnd so Er daselbst jagt, mag Er Ime solh vörhen zu seines Hofs notdurfft zubringen lassen.

Bach bei Wiesen

Dieser Bach (Zimmersbach) rinnt aus beschriebenem See zu Wiesen durch das Zimmertal hinab und hat viele Forellen darin. Ein Landesfürst kann daran Vergnügen haben, mit Bären (Hamen) und Angel zu fischen. Wenn er dort jagt, kann er sich solche Forellen zu seines Hofes Bedürfnissen zubringen lassen.

Seele zu Laibais

Obgemelts seele zu laibais ligt ob alrais daz hat vol Spreiß. Visthlein Jnnen. vnd solh pruet oder Spreißvisthlein wirdet alain gehallten. vnd gebraucht. zu besetzung vnd Spisung der anndern See in der grafschafft tirol

See zu Sparberegkh

Vetz bestimbter See. zu Sparberegk ligt ob Weltein. vnd der hat Jnnen vischn Aschen karpfen vnd pragen. vnd solh visch laichen vasst gern in disem See. Vnnd das ist auch ain lusstiger See für ainen Lanndsfürsten. Dann wann Er zu hohenburg. bursthen Jagt. mag Er zu sambt dem gejaid bey solhem See lusst haben mit der Vogl darauf vischen lassen auch Im solh visch zu notdurfft sind kucht gen Jnsprugg. oder wo Er dasselb hin. zu fueren verordnen.

Seele zu Laibais

Obgemelts Seele zu laibais ligt ob alrais. daz hat wol Speiß Vischlein ynnen, vnd solh pruet oder speißvischlein wyrdet alain gehalten vnd gebraucht zubesetzung vnd Speisung der annderen See in der grafschafft tirol.

Seelein bei Laibais

Oben gemeldetes Seelein bei Laibais (Herzsee) liegt oberhalb Aldrans. Es hat viele Futterfischlein darin, und diese Brut oder Futterfische werden nur gehalten und gebraucht zur Besetzung und Speisung für die anderen Seen in der Grafschaft Tirol.

See zu Sparberegkh

Yetz bestimbter See zu Sparberegk ligt ob Wiltein. vnd der hat ynnen vorhen, Aschen, kerpfen vnd präxen, vnd solh visch laichen vasst gern in diesem See. Ynnd das ist auch ein lusstiger See fur einen Lanndsfürsten. dann wenn Er zu hohenburg hirschen jaget, mag Er zu sambt dem gejaid bei solhem See lusst haben, mit der Segen darauf vischen lassen, Auch Ime solh visch zu notdurfft seiner kuchl gen Ynsprugg, oder wo Er daselbs vmb, zu zefuern verordnen.

See bei Sparberegg

Jetzt bestimmter See bei Sparberegg liegt oberhalb Wilten. Er hat darin Forellen, Äschen, Karpfen und Brachsen, und solche Fische laichen gerne in diesem See. Das ist auch ein kurzweiliger See für einen Landesfürsten, denn wenn er zu Hohenberg Hirsche jagt, kann er neben der Jagd bei diesem See Vergnügen haben mit dem Zugnetz darauf fischen zu lassen, und verordnen sich diese Fische zum Bedarf seiner Küche nach Innsbruck, oder wo er sich sonst in der Gegend aufhält, führen zu lassen.

See im Patschperg

Derselb see am Patschperg ligt ombras und haist auf der Tamitegart. und solher see wierdet auch gehallten zu dem pruet und speisung der anndern see. Auch so man daselbst jagt. so fliehen die hirsch gern darein.

See zu Sigmundslust

Bedachter see zu Sigmundslusst. der ligt zu Vols. und hat ainen hechten kerpfn praxen und sunst allerlai visch. Und das ist auch ain sonnder lusstiger nutzperlicher see. fur ain Lanndsfurstn und frawen zimer. dann ain lannds furst so er daselbst jagt. fliehen die hirsch gern an denselben see. Auch nach solhem gejaid mag der lanndsfurst den see vischen. und in dem lusst haus darauf mit dem frawen zimer und hof-gesind ain panngkt haben lassen. man mag auch solhen see albeg am dritn jar ablassen. und die visch allenthalben in die graffschafft Tirol. zu des fürsten hofs notdurfft lebentig zu furen lassen

See im patschperg

Derselb See am Patschperg ligt ombras vnd haist auf der Tanntegart. vnd solher See wirdet auch gehallten zu dem pruet vnd Speisung der annderen See. Auch so man daselbst jagt, so fliehen die hirschen gern darein.

See am Patscherberg

Dieser See am Patscherberg liegt oberhalb Ambras, er heißt Tantegartsee. In diesem See wird auch Brut und Nachschub für die anderen Seen gehalten. Wenn man dort jagt, so fliehen die Hirsche auch gerne dort hinein.

See zu Sigmundslust

Gedachter See zu Sigmundslusst, der ligt zu Vels vnnd hat ynnen hechten, kerpfen, präxen vnnd sonnst allerlai visch. Vnnd das ist auch ein sonnder lusstiger, nutzperlicher See fur einen Lanndsfursten vnd Frawen zimmer, dann ein lanndsfurst, so Er daselbst jagt, fliehen die hirschen gern an denselben See. Auch nach solhem gejaid mag der lanndsfurst den See vischen vnd in dem lust haws darauf mit dem Frawen zimmer vnd hofgesind ain pannget haben lassen. man mag auch solhen See albeg am driten Jar ablassen vnd die visch allenthalben in die grafschafft tirol zu des fursten hofs notdurfft lebentig zu fuern lassen.

See bei Sigmundslust

Gewisser See bei Sigmundslust (Völser See) liegt in Völs und hat Hechte, Karpfen, Brachsen und sonst noch allerlei Fische darin. Das ist ein besonders kurzweiliger und nutzbringender See für einen Landesfürsten und seine Hofdamen, denn wenn er dort jagt, fliehen die Hirsche gern in diesen See. Auch nach einer solchen Jagd kann der Landesfürst im See fischen und im Lusthaus mit den Damen des Hofes und seiner Hofgesellschaft ein Bankett halten lassen. Man kann diesen See jedes dritte Jahr ablassen und die Fische lebend überall hin in die Grafschaft Tirol für des Fürsten Hofbedarfs führen lassen.

Amaspach

Obgemelter Amaßpach rint von Axams und darnach für Vels herab in den In, der hat gůten guet vorhen und das ist ein nutz perlicher pach zu dem vorgeschriben See zu Vels. dann so ein lanndsfürst zu Vels visicht und ein panngět hat, mag er den pach auch vischen und solh vorhen zu dem selben panngět bringen lassen oder wo der Lanndsfürst zu Vellenberg oder Axams mag man zu solhem pach auch vischen die vorhen zu seiner kuchl zu bringen verordnen.

See zu Natters

Yetzgemelter See zu Natters hat gůten hechten karpfen und annder speiß visch und sölh visch sind auch wol geschmach und guet in gedachtem See. Man

Amnaspach

Obgemelter Amnaßpach Rint von Axams vnd darnach fur vels herab in den Yn. der hat ynnen guet Vorhen, vnd das ist ein nutzperlicher pach zu dem vorgeschrieben See zu Vels, dann so ein lanndsfürst zu Vels vischt vnd ain pannget hat, mag Er den pach auch Vischen vnd solh vörhen zu dem selben pannget bringen lassen, oder wo der Lanndsfurst zu Vellenberg oder Axams, mag man Jme solhen pach auch vischen die (die) vörhen zu seiner kuchl zu bringen verordnen.

Omesbach

Oben gemeldeter Omesbach (Axamer Bach) rinnt von Axams vorbei an Völs herab in den Inn. Er hat gute Forellen darin und es ist ein nutzbringender Bach in der Nähe des vorher beschriebenen Sees bei Völs. Wenn ein Landesfürst bei Völs fischt und ein Bankett hält, kann er den Bach auch befischen und diese Forellen zu selbigen Bankett bringen lassen, oder wenn der Landesfürst zu Vellenberg oder Axams ist, kann man ihm diesen Bach ebenfalls befischen, und verordnen, dass diese Forellen zu seiner Küche gebracht werden.

See zu Natters

Yetzgemelter See zu Natters hat ynnen hechten, Kerpfen vnd annder Speiß visch, vnnd solh visch sind auch wol gesmach vnd guet in gedachtem See. Man

See bei Natters

Jetzt genannter See bei Natters (Natterer See) hat darin Hechte, Karpfen und andere Speisefische, und solche Fische sind auch wohlschmeckend und gut in diesem See. Man

mag auch den Albeg am dritn Jar ablassen
vnd dieselben visch daraus zu der lannds
fürstn hofsnotdurfftn gen Ynsprugg od
wo Er an denselbn ennden wurdt ist lebentig
zubringen vnd fürn lassen.

Wildsee Im Widersperg

Dasselb wildseelein im Widersperg daz
hat innen schon rot Sprincklig vorhen die
gut vnd wolgesmach sein. Vnd so ein
Lanndsfurst daselbs im Widersperg
gemsen Jagt mag Er im das zu lusst
mit den Satznetzn vischn lassen.
Vnnd solhe vorhen nach dem gejaid
mit seinem hofgesind verpanngkatirn

mag auch den albeg am driten jar ablassen vnd dieselben visch daraus zu des lanndsfursten hoffnotdurfften gen Ynsprugg, oder wo Er an denselben ennden vmb ist, lebentig zubringen vnd fuern lassen.

kann ihn auch in jedem dritten Jahr ablassen und die Fische daraus lebend für des Landesfürsten Hofbedürfnisse nach Innsbruck, oder wo er sich sonst in der Gegend aufhält, bringen und führen lassen.

Wildsee im Widersperg

Dasselb wildseelein im Widersperg, daz hat ynnen schon rot Sprecklig vörhen, die guet vnd wolgesmach sein. Vnd so ein Lanndsfurst daselbs im Widersperg gembsen jagt, mag Er Im das zu lusst mit den Satznetzen vischen lassen, Vnnd solhe vörhen nach dem gejaid mit seinem Hofgesind verpanngkatiern.

Wildsee am Widdersberg

Dieses Wildseelein (Wildsee) am Widdersberg, das hat darin schön rot gesprenkelte Forellen, die gut und wohlschmeckend sind. Wenn ein Landesfürst dort am Widdersberg Gämsen jagt, so kann er zu seinem Vergnügen mit den Spiegelnetzen fischen lassen und diese Forellen nach der Jagd mit seiner Hofgesellschaft bei einem Bankett verzehren.

Wildsee

Lange Wiese

See vnd graben auf der langen wisen

Derselb See auf der lanngen wisen der hat gueten hechten karpfen vnd all visch so man darein tuet die geraten vnd werden guet darinnen. Vnnd der obgemelt Graben so von disem See geet bis gen hart der hat gueten krebs Grunndeln vnd phrillen. Vnnd das ist ain sonnder lusst Seelein vnd graben ain Lanndsfursten vnd frawen zimer zu der Valkenpaiss. dann ain lanndsfurst mag an solhem ennde auf ain tag dreyerlay fursten lusst haben. Von erst hirschen jagen vber die wisen darnach valken paissen vnd vischen lassen.

Biessen auf der Lanngen wisen

Vnnd derselb Biessen auf der lanngen wisen ist verarcht vnd geet durch die

See vnd graben auf der langen wisen

Derselb See auf der lanngen wisen, der hat ynnen hechten, kerpfen, vnd all visch, so man darein tuet, die geraten vnd werden guet darinnen. Vnnd der obgemelt Graben, so von disem See geet bis gen hart, der hat ynnen Krebs, Grunndelen vnd phrillen. Vnnd das ist ein sonnder lusst Seelein vnd graben einen Lanndsfursten vnd frawenzimer zu der Valkenpais, dann ein lanndsfürst mag an solhen ennde auf ein tag dreyerlay Fürsten lusst haben: Vonerst hirschen jagen vber die wisen, darnach valken paissen vnd Vischen lassen.

See und Graben auf der Langen Wiese

Dieser See auf der Langen Wiese (bei Innsbruck) hat Hechte, Karpfen und alle Fische die man hinein gibt, die geraten und werden gut darin. Der oben genannte Graben, der von diesem (künstlichen) See bis gegen Hart (Allerheiligenhöfe) geht, hat Krebse, Grundeln und Elritzen darin. Es ist ein besonders ergötzlicher See und Graben für einen Landesfürsten und die Hofdamen zur Falkenbeize, denn ein Landesfürst kann in diesem Gebiet an einem Tag dreierlei fürstliche Vergnügen haben: Zuerst Hirsche über die Wiese jagen, danach Falken beizen und Fischen lassen.

Giessen auf der Lanngen wisen

Vnnd derselb Giessen auf der lanngen wisen ist verarcht vnd geet durch die

Gießen auf der Langen Wiese

Und derselbe Gießen auf der Langen Wiese (Gebiet des heutigen Flugplatzes Innsbruck) ist verbaut (mit Baumstämmen gepölzt) und geht durch die

auen hinauf bis zu dem Zu· vnd
darnach hinden durch die wisen·
hinauf bis gen kranbiten· der
hat wol vorhen dischen Grundeln
vnd phrillen· innen· Vnnd solh
Giessen· ist ain Lanndsfürsten
vnd frauen Zimer auch ein sunnd
lusst· dann ein lanndsfurst
vnnd frauen Zimer· ningen lusst
haben· mit hirschen jagen· vnd
walschen paissen· wie bei dem vor
geschriben ste· vnd sunnderlich mag
der Lanndsfurst auf dem
Giessen lusst haben· mit dem
Clobgarn Vischgeen vnd pern
zu vischen

Awen hinauf bis zu dem Yn vnd darnach hinden durch die wisen hinauf bis gen Krännbiten. der hat wol vörhen, Aschen, Grunndelen vnd phrillen ynnen. Vnnd sölh' Giessen ist einen Lanndsfürsten vnd Frawen zimer auch ein sonnder lusst, dann ein lanndsfurst vnnd Frawen zimer mugen lusst haben mit hirschen jagen vnd valkhenpaissen wie bei dem vorgeschriben See, vnd sonnderlich mag der Lanndsfürst auf dem Giessen lusst haben, mit dem Clebgarn, Vischgeten vnd pern zu vischen.

Auen hinauf bis zum Inn und danach hinten durch die Wiese hinauf bis gegen Kranebitten. Der hat viele Forellen, Äschen, Grundeln und Elritzen darin. Ein solcher Gießen ist für einen Landesfürsten und die Hofdamen ein besonders ergötzlicher Ort, denn ein Landesfürst und seine Hofdamen mögen sich dort mit Hirschjagd und Falkenbeize vergnügen, wie beim vorher beschriebenen See. Besonders kann sich der Landesfürst auf dem Gießen erfreuen, mit Stellnetz, Korbreuse und Netzhamen zu fischen.

Vischwasser vnd Pach im gericht Arams

Nagisser pach im Semnders

Derselb Nagisser pach im Semnders
tal. Ist vngeuerlichen ainer meil
wegs lanng zu vischen. vnd der
hat gnueg vorhen darinnen vnd so
ain lanndsfurst in dem selben
tal hierschen jagt so sol er selben
pach vischen. vnd daselbs bei der
kaser die vorhen absieden lassen
vnd mit seinem frawen zimer
also zusambt dem gueten gejaid
lust vnd ain paungüt haben,

Vischwasser vnd pach im Gericht Axams

Nagisser pach im Sennders

Derselb Nagisser pach im Sennders tal ist ungeuerlichen einer meil wegs lanng zu vischen, vnd der hat guet vörhen ynnen. vnd so ein lanndsfürst in dem selben tal Hirchen jagt, sol so Er solhen pach vischen vnd daselbs bei der kaser die vörhen absieden lassen vnd mit seinem Frawen zimmer Also zusambt dem gueten gejaid lusst vnd ain panngêt haben.

Nagisserbach im Senders

Dieser Nagisserbach (Sendersbach) im Senderstal ist ungefähr eine Wegmeile lang zu fischen und hat gute Forellen darin. So ein Landesfürst im selben Tal Hirsche jagt, soll er diesen Bach fischen und diese dort bei der Kaseralm absieden lassen und sich zusammen mit seinen Hofdamen an der guten Jagd erfreuen und ein Bankett halten.

Phatscher pach

Jetz bestimbter phatscher pach. Ist auch
einer meil wegs lanng zu vischen der
hat auch vorhen innen. Und so ein
lanndsfürst an gemeltm phatsch
jagt mag er im solhn pach auch
zu hesst vischn und im denselbn
vorhen gen Innsprugg oder wo
er an denselben ennden und ist
zu notdurfft seiner kuchel zu
bringen lassen

Vorhenpach zu sand Sigmund im Selram

Gemelter vorhenpach zu sannd
Sigmund im Selrain der ist
auch einer guetn meyl wegs
lanng zu vischen der hat vol
vorhen innen und kumbt vor
am Greiss in den pach haisst
die Melach. Und das ist ein
sonnderlich nutzperlich pach

Pfatscher pach

Yetzbestimmter phatscher pach ist auch einer meil wegs lanng zu vischen. der hat auch vörhen ynnen. vnd so ein Lanndsfürst an gemelten phatscher jagt, mag Er Jme solhen pach auch zu lusst vischen vnd Jme dieselben Vörhen gen Ynsprugg, oder wo Er an denselben ennden vmb ist, zu notdurfft seiner kuchel zu bringen lassen.

Pfatscherbach

Jetzt bestimmter Pfatscherbach ist auch eine Wegmeile lang zu fischen. Der hat Forellen darin, und wenn ein Landesfürst am genannten Pfatscher jagt, kann er diesen Bach auch zu seinem Vergnügen befischen und sich diese Forellen nach Innsbruck, oder wo er sonst in der Gegend ist, für die Bedürfnisse seiner Küche zubringen lassen.

Vörhenpach zu sand Sigmund im Selrain

Gemelter Vörhenpach zu sannd Sigmund im Selrain, der ist auch einer gueten meyl wegs Lanng zu vischen. der hat wol Vörhen ynnen vnd kumbt vor am Grieß in den pach, haisst die melach. Vnnd das ist ein sonnderlich nutzperlich pach

Forellenbach zu Sankt Sigmund im Sellrain

Gemeldeter Forellenbach (Obertalerbach) zu Sankt Sigmund im Sellrain ist auch eine gute Wegmeile lang zu befischen. Der hat gute Forellen darin und mündet vorn am Gries in den Bach der Melach heißt. Das ist ein besonders nutzbringender Bach

für einen lanndsfürstn dann so er
in Velrain jagt mag er Jme selbs
pach zu lusst vischen Auch Jme
vorhen zu seiner kuchl genueg
daraus vahen lassen. Unnd
also lusst darinn haben zusambt
den guetn hierschgejaid daselbst

Mellachpach

Der unnter Melach pach Rint aus
Prapmar. der hat auch vörhen
Ennen. und kumbt bei sannd
Marteins in Yn, und hat darnach
vorhen. bis gen Kematen Asch und
Vorhen. und oberhalb nur vorhen
und das ist auch ein sonnder lusstig
nutzperlich pach für ain lannds
Lanndsfürstn. dann der vol vörhen
hat. und der albeg zu seiner kuchl
ain guete notdurfft daraus vahen
mag. Auch zusambt den gejaidn
daselbst darinn mit vischen freid
und lusst haben mag

fur einen lanndsfürsten, dann so Er im Selrain jagt, mag Er Jme solhen pach zu lusst vischen, auch Jme Vörhen zu seiner kuchl genueg daraus vahen lassen. Vnnd also lusst dauon haben zusambt dem guten Hirschgejaid daselbst.

für einen Landesfürsten, denn wenn er im Sellrain jagt, kann er für sich diesen Bach zum Vergnügen befischen, oder ihm auch genug Forellen für seine Küche daraus fangen lassen, und soll Vergnügen davon haben zusammen mit der Hirschjagd dort.

Mellachpach

Berürter Melach pach Rint aus präxmar, der hat auch vörhen ynnen vnd kumbt bei sannd Martin in Yn, vnd hat darnach vom Yn bis gen Kematen Asch vnd Vörhen vnd oberhalb nur vörhen. vnd das ist auch ein sonnder lusstig nutzperlich pach fur einen ~~lannds~~ Lanndsfursten, dann der wol vörhen hat, vnd der albeg zu seiner kuchl ein guete notdurfft daraus vahen mag, Auch zusambt den gejaiden daselbst damit mit vischen freid vnd lusst haben mag.

Melachbach

Betreffender Melachbach (Melach) rinnt aus Praxmar. Der hat auch Forellen darin und mündet bei Sankt Martin in den Inn. Er hat danach vom Inn bis gegen Kematen Äschen und Forellen und oberhalb nur Forellen. Das ist auch ein besonders erfreulicher und nutzbringender Bach für einen Landesfürsten, da er viele Forellen hat und er stets für seine Küche einen guten Bedarf daraus fangen kann, und zusammen mit den Jagden dort und am Fischen Freude und Vergnügen haben kann.

Vischwasser vnd Päch im Gericht Stubach

Stubacherpach

Der selb Stubacher pach ist vngeverlich annderhalber meÿl wegs lanng zu vischen. vnd Rint bei dem Schonperg in die Süll. der hat wol vörhen Innen vnd ainem Lanndsfursten mag man solh vörhen gen Insprugg zu notdurft seiner kuchl bringen. oder so er in Stubach jagt Ime den zu vischen verordnen. vnd dieselbn vörhen daselbshin zu tragen lassen

Vischwasser vnd päch im Gericht Stubach*

Stubacherpach

Derselb Stubacher pach ist ungeuerlichen annderthalber meyl wegs lanng zu vischen vnd Rint bei dem Schönperg in die Süll, der hat wol vörhen Ynnen, vnd einen Lanndsfursten mag man solh vorhen gen Ynsprugg zu notdurft seiner kuchl bringen, oder so Er in Stubach jagt, Ime den zu vischen verordnen vnd die selben vörhen daselbsthin zu tragen lassen.

Stubaierbach

Dieser Stubaierbach (Ruetzbach) ist ungefähr eineinhalb Wegmeilen lang zu fischen und rinnt bei Schönberg in die Sill. Er hat genug Forellen darin und einem Landesfürst soll man diese Forellen nach Innsbruck zum Bedarf seiner Küche bringen, oder wenn er im Stubai jagt, in dem Bach zu fischen verordnen und diese Forellen dorthin tragen lassen.

* Stubai

Vischwasser See vnd Päch im Gericht Stamach

See am Lueg

Gemelter See am lueg. Ist ein wildsee der
hat pirnen. Vorhen vnd Renncken. Vnd ist
ain sonnder lusstiger See für einen
Lanndsfürstn. dann so er zu Stamach
oder in Emrin Jagt. mag er Ime solhn
See vischn. vnd dieselbn visch an die
ennd in dreien stundn. albeg bringn
lassen. oder wann der lanndsfürst
für Stamach. hin vnd wider zeucht
mag er Ime zu lusst mit der Segen
darauf zu vischen verordnen. vnd
also dermassen lusst dabei haben od
man mag Ime solh visch eins tags
gen Ynsprugg bringen lassen

Vischwasser, see vnd päch im Gericht Stainach*

See am Lueg

Gemelter See am lueg ist ein wildsee, der hat ynnen Vörhen vnd Rennncken. Vnd ist ein sonnder lusstiger See fur einen Lanndsfürsten, dann so Er zu Stainach oder in Smirn jagt, mag Er Ime solhen See vischen vnd dieselben visch an die ennd in dreien stunden albeg bringen lassen, oder wann der lanndsfürst fur Stainach hin und wider zeucht, mar Er Ime zu lusst mit der Segen darauf zu vischen verordnen vnd also dermassen lusst dabei haben, oder man mag Ime solh visch eins tags gen Ynsprugg bringen lassen.

See am Lueg

Gemeldeter See am Lueg (Brennersee) ist ein Wildsee, der hat Forellen und Renken darin und ist ein besonders vergnüglicher See für einen Landesfürsten. Wenn er bei Steinach oder in Schmirn jagt, kann er diesen See befischen und die Fische jeweils in drei Stunden dorthin bringen lassen. Oder wenn der Landesfürst hin und wieder an Steinach vorbeizieht, kann er zu seinem Vergnügen verordnen mit dem Zugnetz darauf zu fischen und so seine Unterhaltung dabei haben, oder man kann ihm diese Fische in einem Tag nach Innsbruck bringen lassen.

* Steinach

Zway wildseelem im obernperg

Dieselben zway wildseelein am obernperg
haben bed guet vorhen innen. Vnd so ein
Lanndsfurst an gemeltn obernperg rot
oder gembss wild jagt, so mag er dieselbn
zway wildseelein vischen lassen. Vnd
man vischt die mit den Clobnetzen
vnd sol die zu nachts darein setzen
vnd zu morgens heben. Vnnd der
Lanndsfurst mag also zu den
zwaien seelein reitn. Vnd zusambt
dem gejaid mit vischen also lusst
haben.

Der liechtensee

Gemelter Liechtensee ist auch ain
wildsee vnd ligt auf der rechtn hannd
so man auf den obernperg zeucht
ob allem holtz. der hat sunder guet
volgesmach vorhen innen. den sol
im der Lanndsfurst auch vischn
vnd solh vorhen gen Stamach od wo
er dasselbsmals ist zu seiner tafl bringen
lassen.

Zway wildseelein im Obernnperg

Dieselben zway wildseelein am obernperg haben bed guet vörhen ynnen, Vnd so ein Lanndsfürst an gemelten obernperg rot oder gembßwild jagt, so mag Er dieselben zway Wildseelein vischen lassen, vnd man vischt die mit den Clebnetzen vnd sol die zu nachts darein setzen vnd zu morgens herben. Vnnd der Lanndsfurst mag also zu den zwaien seelein Reiten zvnd zusambt dem gejaid mit vischen also lusst haben.

Zwei Wildseelein in Obernberg

Diese zwei Wildseelein am Obernberg (Obernberger Seen) haben beide gute Forellen darin. So ein Landesfürst an genanntem Obernberg Rot- oder Gamswild jagt, so kann er diese zwei kleinen Wildseen befischen lassen. Man fischt diese mit den Stellnetzen und soll die nachts hinein setzen und morgens heraus heben. Der Landesfürst kann zu den zwei Seelein reiten und zusammen mit der Jagd dort auch am Fischen sein Vergnügen haben.

Der liechtensee

Obbemelter Liechtensee ist auch ain wildsee vnd ligt auf der Rechten hannd, so man auf den obernperg zeucht, ob allem holtz. der hat sonnder guet Wolgesmach vörhen ynnen. den sol Im der Lanndsfürst auch vischen vnd solh vörhen gen Stainach, oder wo Er daselbsumb ist, zu seiner tafl bringen lassen.

Der Lichtsee

Oben gemeldeter Lichtsee ist auch ein Wildsee und liegt auf der rechten Hand, wenn man auf den Obernberg geht, oberhalb des Waldes. Er hat besonders gute und wohlschmeckende Forellen darin. Die soll sich der Landesfürst auch fischen und diese Forellen nach Steinach, oder wo er dort sonst in der Gegend ist, zu seiner Tafel bringen lassen.

Pach aus dem Obernperg

Derselb pach ist ungeverlichen einer meyl wegs lanng zu vischen, und kumbt auf dem Grieß in die Luegerin. der hat kainen Clain vorhen. Doch sind die gut und wolgesmach. Und ain Lanndsfurst mag den bach mit dem Clebgarn oder pern vischen lassen. Und zusambt den gejaidn daselbst lusst haben.

Luegerinpach

Gennanter Luegerin pach der kumt aus dem See anz lueg. gen Stainach. Und ist ungeverlichen einer grossen meyl wegs lanng zu vischen. Und hat wol vorhen kainen und ain lannds fürst mag selben pach mit der amstgern mit dem pern oder Angl. so Er also daselbs hin und wider zeucht zu lusst vischen lassen.

Pach aus dem Obernnperg

Derselb pach ist vngeuerlichen einer meyl wegs Lanng zu vischen vnd kumbt auf dem Grieß in die luegerin. der hat ynnen Clein vörhen, doch sind die guet vnd wolgesmach, vnd ein Lanndsfurst mag den auch mit dem Clebgarn oder pern Vischen lassen Vnnd zusambt den gejaiden daselbst lusst haben.

Bach aus Obernberg

Dieser Bach (Seebach) ist ungefähr eine Wegmeile lang zu befischen und mündet bei Gries in den Luegerinbach (Sillbach). Er hat kleine Forellen darin, doch sind diese gut und wohlschmeckend, und ein Landesfürst kann diesen auch mit dem Stellnetz oder Netzhamen befischen lassen und zusammen mit den Jagden dort sein Vergnügen haben.

Luegerinpach

Genanter Luegerin pach, der Rint aus dem See am lueg gen Stainach Vnd ist vngeuerlichen einer grossen meyl wegs Lanng zu Vischen, Vnd hat wol vörhen ynnen. vnd ein lanndsfürst mag solhen pach mit der muschgeten, mit dem pern oder Anngl, so Er also daselbs hin vnd wider zeucht, zu lusst vischen lassen.

Luegerinbach

Genannter Luegerinbach (Sillbach), der rinnt aus dem See am Lueg (Brennersee) nach Steinach und ist ungefähr eine große Wegmeile lang zu befischen, er hat gute Forellen darin. Ein Landesfürst kann diesen Bach mit der Netzreuse, dem Netzhamen oder der Angel zu seinem Vergnügen befischen lassen, wenn er dort selbst hin und wieder seines Weges zieht.

Walserinpach

Ietzbestimbter walserin pach der kumbt aus dem
tal Wals und rint herfür in vorgenanntn pach
Saggerin. Und der ist ungeverlichen
ainer guten meyl wegs lanng zu vischen
und hat auch wol vorchen innen und ain
lanndsfürst mag solhen pach auch mit
der amptgeton und peren vischen lassen und
lesst also mit vischen haben mitsambt
den gejaiden daselbst. Auch nur die
selben vorchen zu verordnen zu notdurfft
sind kuchl zu bringen

Trumsserpach

Derselb pach rint aus dem tal Vnitz der ist
ungeverlichen ainer meil wegs lanng
zu vischen und auf dem pach mag ain lannds
fürst selber mit vischen sonnder lesst
haben dann der wol vorchen innen hat
und den so er in Vnitz jagt mit der amptge
gotn Clobgarn und peren vischen mag.
Und vor an disem Trumsserpach rinn
zwen pach darein die auch gut vorchen
innen haben

Valserinpach

Yetzbestimbter valserin pach, der Kumbt aus dem tal vals vnd rint heruor in vorgenanten pach Luegerin. Vnnd der ist ungeuelichen ainer guten meyl lang zu vischen vnd hat auch wol vörhen ynnen. vnd ein Lanndsfürst mag solhen pach auch mit der muschgeten vnd pern vischen lassen vnd lust also mit vischen haben mitsambt den gejaiden daselbst, auch Ime dieselben vörhen zuvorrdnen zu notdurfft seiner kuchl zubringen.

Valserbach

Jetzt bestimmter Valserbach der aus dem Valsertal kommt und in den vorher genannten Luegerinbach (Sillbach) rinnt, der ist ungefähr eine gute Meile lang zu befischen und hat auch genug Forellen darin. Ein Landesfürst kann diesen Bach auch mit der Netzreuse und dem Netzhamen befischen lassen und so Vergnügen mit dem Fischen zusammen mit der Jagd dort haben, und verordnen ihm diese Forellen zum Bedarf seiner Küche zu bringen.

Trunnsserpach

Derselb pach rint aus dem tal Snitz, der ist vngeuerlichen einer mail wegs lanng zu vischen, vnd auf dem pach mag ein lanndsfürst selber mit vischen sonndern lusst haben, dann der wol vörhen ynnen hat. vnd den, so Er in Snitz jagt, mit der muschgeten, Clebgarn vnd pern vischen mag. Vnd vor an disem Trunsserpach Rinen zwen pach darein, die auch gut vörhen ynnen haben.

Trinser Bach

Dieser Bach (Trinser Bach) rinnt aus dem Gschnitztal und ist ungefähr eine Wegmeile lang zu befischen. An dem Bach kann sich ein Landesfürst selber am Fischen vergnügen, da er viele Forellen darin hat. Wenn er in Gschnitz jagt, kann er mit Netzreuse, Stellnetz und Netzhamen fischen. In diesen Trinser Bach rinnen vorne zwei Bäche hinein, die auch gute Forellen darin haben.

Pach in Schmirz

Ein kalter pach kumbt aus Smirtz und der rint in vorgenannten Tunnsser pach. Und die vorhen streichen summer zeiten vasst in disen pach Smirtz und man sol zu auch summer zeiten vischen. dann im Winter geen die Rannz. vasst darein. und verderben die vorhen Und dieselben vorhen so man also daraus vachet. sol man in das Seele. gen Sneburg thun. Und die zu des lanndsfursten hofs notdurfft zu seiner zeit gebrauchen.

Seele zu Schneburg

Das obgemelt. Seelein zu Sneburg. ist. ein behallter. der vorgeschriben. visch wasser in Smitz. dann alle visch so man in denselben pach vachet. sol man dem Lanndsfursten in das benannt

Pach in Schnicz

Gemelter pach Kumbt aus Snitz, vnd der Rint in vorgenannten Trunnsser pach. Vnnd die vörhen Streichen Sumer zeiten vasst in disen pach Snitz, vnd man sol in auch Sumer zeiten Vischen, dann im Winter geen die Lanen vasst darein vnd verderben die vörhen. Vnnd dieselben vörhen, so man also daraus fachet, sol man in das Seele gen Sneeburg thun. Vnnd die zu des lanndßfürsten Hofsnotdurfft zu seiner zeit gebrauchen.

Bach in Gschnitz

Gemeldeter Bach (Gschnitzbach) kommt aus Gschnitz und rinnt in den vorgenannten Trinser Bach. Die Forellen steigen zur Sommerzeit gern in diesen Bach aus Gschnitz, und man soll daher auch im Sommer dort fischen, denn im Winter gehen die Lawinen fast hinein und vernichten die Forellen. Die Forellen, die man daraus fängt, soll man in den kleinen See nach Schneeburg geben und für des Landesfürsten Hofbedarfs zu gegebener Zeit gebrauchen.

Seele zu Schneburg

Das obgemelt Seelein zu Sneeburg ist ein behallter der vorgeschriben visch wasser in Snitz, dann alle visch, so man in denselben pach fachet, sol man dem Lanndsfursten in das benannt

Seelein bei Schneeburg

Das oben genannte Seelein bei Schneeburg ist ein Behälter für die vorher beschriebenen Fischgewässer in Gschnitz. Denn alle Fische die man in diesem Bach fängt, soll man dem Landesfürsten in das benannte

Seele thůn damit er solhs verhoren. alzeit
zu seiner hoffnotdurfften daraus
haben muge.

Noßisserpach

Der gemelter Noßisser pach. Rint zwischen
Stainach und Agatra. in die Vill. der
hat auch verlihen Kunig. und ein
Lanndsfürst mag solhen pach.
vischen lassen. so er zu Agatraa
oder Insprugg ist. Und Inn
denselben verlihen. zu seiner kuchl
zubringen verordnen.

Seele thun, damit Er solh vörhen alzeit zu seiner hoffnotdurfften daraus haben muge.

Seelein geben, damit er diese Forellen daraus jederzeit für seine Hofbedürfnisse haben kann.

Nofisserpach

Obgemelter Nofisser pach Rint zwischen Stainach vnd Matra in die Sull. der hat auch vörhen ynnen. vnd ein Lanndsfurst mag solhen pach Vischen lassen, so Er zu Matraa oder Ynsprugg ist, Vnnd Ime dieselben vörhen zu seiner kuchl zubringen verordnen.

Navisbach

Oben gemeldeter Navisbach rinnt zwischen Steinach und Matrei in die Sill, und hat auch Forellen darin. Ein Landesfürst kann in diesem Bach fischen lassen, wenn er in Matrei oder Innsbruck ist, und verordnen ihm diese Forellen für seine Küche zu bringen.

Vischwasser See vnnd Pach im Gricht Hertnberg

Abblasee auf dem Seefeld

Der selb · Ablaß See · ligt hinder der kirchn
auf dem Seefelld · hat ynnen hechten
karpfen · vnd Prachssen · vnd solh vis-
sch wolgesmach vnd gůt in disem
See · Vnnd ist ein sonnder lusstiger
See · für einen lanndsfürsten · dann
man den albegen am dritten Jar ablassen
mag · Vnnd so ein lanndsfůrst
daselbs hin vnd wider zeucht · hat Er
allso lusst mit ablassen · sunst kan
man mit der bergen vischen · vnd solh
vissch mag man dem Lanndsfürsten
gen Hall · oder Ynsprugg lebentig bringen

Vischwasser, see vnd pach im Gericht Hertnberg*

Abblasee auf dem Seefeld

Derselb Ablaß See ligt hinder der Kirchen auf dem Seefelld, hat ynnen hechten, kerpfen vnd prächssen, vnd solh visch sein wolgesmach vnd guet in disem See. Vnnd ist ein sonnder lusstiger See fur einen lanndsfürsten, dann mag den albegen am driten Jar ablassen mag. Vnnd so ein lanndsfürst daselbs hin und wider zeucht, hat Er also lusst mit ablassen. Sonnst kan man mit der Seegen nit vischen, vnd solh visch mag man dem Lanndsfürsten gen Zirl oder Ynnsprugg lebentig bringen.

Ablasssee auf dem Seefeld

Dieser ablassbare See (Teich) liegt hinter der Kirche auf dem Seefeld und hat darin Hechte, Karpfen und Brachsen, und die Fische in diesem See sind wohlschmeckend und gut. Das ist ein besonders vergnüglicher See für einen Landesfürsten, denn man kann ihn jedes dritte Jahr ablassen. Wenn ein Landesfürst dort hin und wieder selbst des Weges zieht, hat er auch Vergnügen beim Ablassen des Sees. Sonst kann man mit dem Zugnetz nicht darauf fischen. Diese Fische kann man dem Landesfürsten lebend nach Zirl oder Innsbruck bringen.

* Hertenberg

Lampretn See auf dem Seefeld

Obbemelten Lampreten See. hat die Romisch kunigclich Maiestat. allain zu den Lampreten zubesetzen. und zehallten furgenomen. Damit ain Lannds furst ain sonndern lusst von den Lampreten haben mug.

Pach so vom See Lampetn Rynndt

Gemelter pach rint fur Slosperg in die Scharnitz. der hat Vorhen Innen und solher pach ist ainem lannds fursten. so er auf dem Seefeld ist nutz dann Jme die vorhen. zu seiner kuchl wol erschiessen mugen

Lampretn See auf dem Seefeld

Obbemelten Lampreten See hat die Römisch kunigclich maiestat alain zu den Lampreten zubesetzen vnd zehallten furgenomen, damit ein Lanndsfürst ein sonndern lusst von den Lampreten haben muge.

Neunaugensee auf dem Seefeld

Oben gemeldeten Neunaugen-See (Wildsee) hat sich die Römisch-Königliche Majestät allein für die Besetzung und Haltung von Lampreten (Neunaugen) vorbehalten, damit ein Landesfürst ein besonderes Vergnügen an den Neunaugen haben möge.

Pach so vom See Lampetn Ryndt

Gemelter pach Rint fur Sloßperg in die Schärnitz. der hat Vörhen ynnen, vnnd solher pach ist einem lanndsfürsten, so Er auf dem Seefelld ist, nutz, dann Ime die vörhen zu seiner kuchl wol erschiessen mugen.

Bach der vom Neunaugensee rinnt

Gemeldeter Bach (Gießenbach) rinnt am Schlossberg vorbei nach Scharnitz und hat Forellen darin. Dieser Bach ist einem Landesfürsten von Nutzen, wenn er auf dem Seefeld ist, da ihm die Forellen für seine Küche sehr gelegen kommen.

Seele in der lewtasch

Dasselb Seele in der Lewtasch hat vorhen
innen. Unnd so ein lanndsfurst in
der Lewtasch jagt mag er im den zu
lusst vischen oder jme die vorhen daraus
ein meil oder zwo. Wo er dasselbn
vnnd ist zu seiner kuchl bringen lassn

Pach in der lewtasch

Der Zimbter pach in der Lewtasch kumbt
aus dem Gaistal. Unnd wert ainer
guetn meil wegs lanng zu vischen
der hat guet vorhen innen. Und
ist ainem Lanndsfurstn ein nutz
perlich pach. dann der vol vorhen
hat. auch so der lanndsfurst daselbst
Jagt. mag er den mit der amschgetn
oder pern zu lusst vischn. auch jme
die vorhen gen Zirl oder wo er an den
selbn ennde ist lebentig zu bringen
lassn

Seele in der lewtäsch

Dasselb Seele in der Lewtasch hat vörhen ynnen, vnnd so ein lanndsfurst in der Lewtasch jagt, mag Er Im den zu lusst vischen oder Ime die vörhen daraus ein meil oder zwo, Wo Er daselbs vmb ist, zu seiner kuchl bringen lassen.

Seelein in der Leutasch

Dieses Seelein in der Leutasch (Weidacher See) hat Forellen darin. So ein Landesfürst in der Leutasch jagt, kann er diesen zum Vergnügen befischen oder sich die Forellen daraus ein oder zwei Meilen, oder wo er sonst dort in der Gegend ist, zu seiner Küche bringen lassen.

Pach in der lewtäsch

Bestimbter pach in der Lewtasch kumbt aus dem Gaistal vnnd wert einer guten meil wegs lanng zu Vischen. der hat guet Vörhen ynnen vnd ist einem Lanndsfursten ein nutzperlicher pach, dann der wol vörhen hat. Auch so der lanndsfürst daselbst Jagt, mag Er den mit der muschgeten oder pern zu lusst vischen, Auch Ime die vörhen gen Zirl, oder wo Er an den selben ennden ist, lebentig zubringen lassen.

Bach in der Leutasch

Bestimmter Bach in der Leutasch (Leutascher Ache) kommt aus dem Gaistal, und man kann darin eine gute Wegmeile lang fischen. Er hat genug Forellen darin und ist einem Landesfürsten ein nutzbringender Bach, da er gute Forellen hat. Wenn ein Landesfürst dort jagt, kann er den mit Netzreuse oder Netzhamen zum Vergnügen befischen, und ihm die Forellen nach Zirl oder wo er sonst in dieser Gegend ist, lebend bringen lassen.

Seele zů Mösern

D bestimbter See zu Mösern ligt zu nagst ob dem lempenperg bei den höfen der hat hechten karpfen und klain dunnen. Solher wildsee wirdet ain pharrer auf dem Seefeld zu vischen vergonnt für den Lamperten See auf dem Seefeld.

Griessen auf Zyerler wisen

Derselb Griessen ist veraricht und besetzt mit vorhen äschen grundeln und pfrellen und man erwart und hagt den von Zierler prugg nach der lenng durch das Weismad hinauf für Zintzinger kabis garten an den Inn. Und solher Griessen ist ain sunder lusst für ainen lannds fursten oder frauenzimer dann man den mit dem Clobgarn auszfischen und

Seele zu Mösern

Obbestimbter See zu mösern ligt zu nagst ob dem lenngenperg bei den hofen, der hat Hechten, Kerpfen vnd Slein ynnen. solher Wildsee wirdet einem Pharrer auf dem Seefeld zu vischen vergönnt fur den Lampreten See auf dem Seefeld.

Seelein bei Mösern

Oben bestimmter See bei Mösern (Möserer See) liegt ober dem Lengenberg nahe bei den Höfen, und hat Hechte, Karpfen und Schleien darin. Dieser Wildsee wird dem Pfarrer zu Seefeld zum Fischen überlassen, als Ersatz für den Neunaugen-See auf dem Seefeld.

Giessen auf Zyerler wisen

Derselb Giessen ist verarcht vnd besetzt mit vorhen, Äschen, grundeln vnd Phrillen, vnd man verwart vnd haÿt den von Zirler pruggen nach der lenng durch das wismad hinauf fur Ÿnntzinger Kabis garten an den Ÿn. Ÿnnd solher Giessen ist ein sonnder lusst fur einen lanndsfürsten oder Frawen zimer, dann man den mit Clebgarn, muschgeten vnd

Gießen auf der Zirler Wiese

Dieser Gießen ist verbaut (mit Baumstämmen gepölzt) und besetzt mit Forellen, Äschen, Grundeln und Elritzen. Man bewahrt und pflegt ihn von der Zirler Brücke der Länge nach durch das Wiesmahd hinauf bis vor den Inzinger Krautgarten am Inn. Dieser Gießen ist ein besonders vergnüglicher Ort für einen Landesfürsten oder die Hofdamen, da man darin mit Stellnetz, Netzreuse und

vnd vom vischen mag auch sonndern
lust darauf haben mit valkenpaissen
dann gewondlich albeg gern antfogl
darauf sind.

Giessen zu Flaurling

Der gemelter Giessen zu Flaurlingen ist
auch verarcht. Vnnd hebt sich zu
Polingen an. vnd get nach dem Volld
hungarf. bis an die kolstetten. vnnder
Flaurling. Vnnd ist auch besetzt
mit vorhen. äschen Grundelin
vnd pfrillen. Vnnd ein lannds
fürst. mag auch sonndern lust
mit vischen. vnd valkenpaissen
haben. wie von dem vorgeschriben
Giessen zu Zirl. gemelt ist

vnd pern vischen mag, Auch sonndern lusst darauf haben mit Valkenpaisen, dann gewendlich albey gern Antfogl darauf sind.

Netzhamen fischen kann. Man kann sich auch an der Falkenbeize besonders vergnügen, da gewöhnlich stets gerne Entenvögel darauf sind.

Giessen zu Flaurling

Obgemelter Giessen zu Flaurlingen ist auch verarcht. Vnnd hebt sich zu polingen an vnd get nach dem Velld hinauf bis an die kolsteeten vnnder Flaurling, Vnnd ist auch besetzt mit vörhen, Aschen, Grunndelen vnd phrillen. Vnnd ein lanndsfürst mag auch sonndern lusst mit vischen vnd valkenpaissen haben, wie von dem vorgeschriben Giessen zu Zirl gemelt ist.

Gießen bei Flaurling

Oben gemeldeter Gießen bei Flaurling ist auch verbaut. Er beginnt bei Polling und zieht sich durch das Feld hinauf bis zur Kohlstatt unter Flaurling, und ist auch besetzt mit Forellen, Äschen, Grundeln und Elritzen. Ein Landesfürst kann dort besonderes Vergnügen mit Fischen und Falkenbeizen haben, wie von dem vorher beschriebenen Gießen bei Zirl gemeldet wurde.

Wildseele im Huntztall

Bemelts wildseelein im Huntztal. hat vorhen innen. vnnd ein lanndsfurst so er zu Huntztal gembsen jagt. mag er jme das zu lusst vischen lassen. vnd man vischt das mit satznetzn. Es werden auch zu zeitn. die gembsen. an sölhem gejaid genot. das sy in denselben see. lauffen. das dann dem lanndsfursth auch lusst zu dem gejaid bringt.

Lumbachpach

Und vorzgenanter Lumbachpach. pach. der ligt zu Tolfs. vnd der hat wol vörhen. den mag jme ein lannds furst. vischen lassen. so er zu tolfs ist. oder wann er an denselben ennden Jagt. mag er jme den zu lusst. zu

Wildseele im Hunczttall

Berurts wildseelein im Huntztal hat vörhen ynnen. Vnnd ein lanndsfurst, so Er im Huntztal gembsen jagt, mag Er Ime das zu lusst vischen lassen, vnd man vischt das mit Satznetzen. Es werden auch ye zu zeiten die gembsen an solhem gejaid genöt, das Sy in denselben See Lawffen, das dann dem Lanndsfursten auch lusst zu dem gejaid bringet.

Wildseelein im Hundstal

Betreffendes Wildseelein (Hundstalsee) hat Forellen darin. Wenn ein Landesfürst im Hundstal Gämsen jagt, kann er darin zu seinem Vergnügen fischen lassen. Man fischt darin mit Spiegelnetzen. Zu gewissen Zeiten werden bei dieser Jagd die Gämsen auch genötigt, in diesen See zu laufen, was dann dem Landesfürsten auch Vergnügen bei der Jagd bringt.

Lumbachpach

Vnd yetzgenannter Lumbachpach, der ligt zu Telfs vnd der hat Wol vörhen. den mag Ime ein lanndsfürst Vischen lassen, so Er zu telfs ist, oder wann er an denselben ennden Jagt, mag Er Ime zu lusst zu

Lumbachbach

Und jetzt genannter Lumbach (Griesbach), der liegt in Telfs und hat genug Forellen. Den kann sich ein Landesfürst befischen lassen, wenn er in Telfs ist, oder wenn er in derselben Gegend jagt, kann er zu seinem Vergnügen

sambt dem gejaid. sehen vischen
lassen. mit dem kunigl. perni.
und. tirol. durch ime die vorhen
zu notdurfft seiner kuchl bringen
lassen.

sambt dem gejaid sehen vischen lassen mit der Anngl, pern vnd tawpl, auch Ime die vörhen zu notdurfft seiner kuchl bringen lassen.

zugleich mit der Jagd zusehen und mit der Angel, Bären (Hamen) und Taupl (Senke) fischen lassen und sich die Forellen zum Bedarf seiner Küche bringen lassen.

Vischwasser See Und pach im Gericht vmbst

Drey weyer vmb Frundtsam

Dieselben drei weyer · die ligen bei dem Sloss Frundtsam · Und haben ynnen hechten karpfen und krebssen · Unnd so die also wol besetzt sein mag ein lannds furst sonndern lusst · darauf haben · dann man die zu volln wasser · mit der Segen · vischt · Auch so ein lannds furst oder fraw von hinnen · zu frundt sam sein · mugen dieselben zu ir kuchl wol diennen

Vischwasser, see vnd pach im Gericht Ymbst*

Drey weyer vmb Frundtsam

Dieselben drei weyer, die ligen bei dem Sloß Fruntsam vnd haben ynnen hechten, Kerpfen vnd Krebsen. Vnnd so die also wol besetzt seien, mag ein lanndsfurst sonndern lusst darauf haben, dann man die zu Volem wasser mit der Segen vischt. auch so ein lanndsfurst oder frawen zimer zu frundtsam seien, mugen dieselben zu irer kuchl wol diennen.

Drei Weiher um Freundsheim+

Diese drei Weiher, liegen beim Schloss Freundsheim und haben darin Hechte, Karpfen und Krebse. Da sie gut besetzt sind, kann ein Landesfürst besonderes Vergnügen daran haben, denn man kann diese bei vollem Wasser mit dem Zugnetz abfischen. Wenn ein Landesfürst oder die Hofdamen zu Freundesheim sind, mögen diese Fische dem Wohl ihrer Küche dienen.

* Imst (+ Gericht Petersberg)

Pach zu Clam

Bemelter pach zu Clam kumbt für
Neidegk. vnnd rint in den Inn ob.
der hat vorhen Innen. solhen pach
vergünt der lanndsfurst ainem
phleger auf Clam zu vischen

See zu Spieglfreid

Obbestimbter See zu Spieglfreid. der
hat grüenen vorhen asthen karpfen
prachsen. Allten vnnd wol phrillen
vnd die berüerth asthen vnd vorhen
kumen aus der Chiengl da rein. Vnd
das ist ain sunder lustiger See für
ain Lanndsfürsten. vnnd frauen
zimer. damit so er wil. mag er zu

Pach zu Clam

Berurter pach zu Clam kumbt fur Neidegk vnnd Rint in den Yn ab. der hat vorhen ynnen. solhen pach vergönnt der lanndsfurst einem phleger auf Clam zu Vischen.

Bach bei Klamm+

Betreffender Bach bei Klamm (Klammbach) kommt an Neidegg vorbei und rinnt hinab in den Inn. Der hat Forellen darin. Diesen Bach vergönnt der Landesfürst einem Pfleger auf Klamm zum Fischen.

See zu Spieglfreid

Obbestimbter See zu Spieglfreid, der hat ynnen vörhen, Aschen, Kerpfen, Prächsen, Allten vnd wol phrillen, vnd die berürten Aschen vnd vörhen kumen aus der Gurgl darein. vnd das ist ein sonnder lusstiger See fur einen Lanndsfürsten vnd frawen zimer, dann so Er wil, mag Er zu

See bei Spiegelfreud

Oben bestimmter See bei Spiegelfreud (heute ausgetrocknet), der hat darin Forellen, Äschen, Karpfen, Brachsen, Aiteln (Döbel), und viele Pfrillen (Elritzen), und die betreffenden Äschen und Forellen kommen aus dem Gurglbach hinein. Das ist ein besonders vergnüglicher See für einen Landesfürsten und die Hofdamen, denn wenn er will, so kann er

sambt dem vischen. hirschen jagen
bis gen darein lauffen. auch daselbs
dackenpaissen. Unnd mit solhen
gefanngen vischen. mit dem frauen
zimer. und mit dem hofgesind
die bei dem haus absieden. unnd
damit panngetet haben lassen.
mag auch solhen See. albeg am
dritn jar ablassen.

Der Bürglpach

Gedachter Bürglpach. hebt sich zu
Nassereut an zu vischen. unnd
wert bis an die prugkh. so man
zu Tarratz übergeet. Unnd
ist also zu hayen verpoten. der
hat dhainen vorhen und aschen
Unnd solher Bürglpach dient
sich wol zu dem vorgeschriben See.

sambt dem vischen Hirschen jagen, die gern darein lauffen, Auch daselbs Valkenpaissen. Vnnd mit solhen gefanngen vischen mit dem Frawen zimer vnd mit dem Hofgesind die bei dem Haws absieden vnnd damit panngeet haben lassen. mag auch solher See Albeg am driten Jar ablassen.

zugleich fischen und Hirsche jagen, die gerne in den See laufen, ja selbst Falken beizen. Die gefangenen Fische kann man beim Haus absieden lassen und mit den Damen des Hofes und mit der Hofgesellschaft damit ein Bankett halten lassen. Man kann auch diesen (künstlichen) See in jedem dritten Jahr ablassen.

Der Gurglpach

Gedachter Gurglpach hebt sich zu Nasserewt an zu Vischen vnd wert bis an die pruggen, so man zu Tarratz überget, Vnnd ist also zu hayen verpoten. der hat ynnen vörhen vnd Äschen. Vnnd solher Gurglpach diennt sich wol zu dem vorgeschriben See

Der Gurglbach

Gewisser Gurglbach kann ab Nassereith befischt werden bis zur Brücke, über die man nach Tarrenz geht. Es ist zu hegen geboten und er hat darin Forellen und Äschen. Dieser Gurglbach dient zum Wohl des vorher beschriebenen Sees

Spieglfreid. dann der vorhen
vnd aschen darein Streichen
Es mag auch der lanndsfurst
auf demselben pach. Valcken
paissen vnd sunst darauf
lusst haben mit dem Cleb-
garn vnd anschgeten zu vischen

Seele zu Tarratz

Dasselb Seelein zu Tarratz ist
besetzt mit vernet. vnd werdet.
allain. braucht vnd gehallten
zu Speisung des vorgedachten
Sees zu Spieglfreid

Spieglfreid, dann die vörhen vnd Aschen darein Streichen. Es mag auch der lanndsfurst auf demselben pach Valken paissen vnd sonnst darauf lusst haben mit dem Clebgarn vnd muschgeten zu vischen.

bei Spiegelfreud, da die Forellen und Äschen hinein ziehen. Es kann auch der Landesfürst an diesem Bach Falken beizen und sich sonst darauf vergnügen, indem er mit Stellnetz und Netzreuse fischt.

Seele zu Tarracz

Dasselb Seelein zu Tarratz ist besetzt mit pruet vnd wirdet alain begraucht vnd gehallten zu Speisung des vorgedachten See zu Spieglfreid.

Seelein bei Tarrenz

Dieses Seelein bei Tarrenz ist mit Brut besetzt und wird allein gebraucht und erhalten für die Versorgung des vorher genannten Sees zu Spiegelfreud.

See zu Sigmundspurg

Vetzgenannter See zu Sigmundspurg der hat Innen guet vorhen· und wol phrillen· das der vorhen speis ist· ain sunnder lusstiger nutzperlicher See· einem Lanndsfursten dann der wol vorhen darinnen hat und so Er daselbs auf Sigmundspurg ligt· mag Er den mit der Segen oder Satznetz fahen· Vischen· Auch und solh vorhen zu seiner kuchl gen Stambs Telfs oder Imbst bringen lassen·

Zway Seelein der Sigmundspurg am Ferren

Dieselben zway Seelein haben auch vorhen Innen· Unnd so der Lannds furst den vorgenannten See zu

See zu Sigmudspurg

Yetzgenannter See zu Sigmundspurg, der hat ynnen guet vorhen vnd wol phrillen, das der Vorhen Speis. ist ein sonnder lusstiger, nutzperlicher See einem Lanndsfursten, dann der wol vorhen ynnen hat. vnd so Er daselbs auf Sigmundspurg ligt, mag Er den mit der Segen oder Satznetzen sehen vischen, auch Ime solh vorhen zu seiner kuchl gen Stambs, Telfs oder Ymbst bringen lassen.

See bei Sigmundsburg

Jetzt genannter See bei Sigmundsburg (Fernsteinsee) der hat darin gute Forellen und viele Elritzen, die der Forellen Futter sind. Es ist ein besonders vergnüglicher, nutzbringender See einem Landesfürsten, denn er hat genug Forellen darin. So er sich selbst auf Sigmundsburg aufhält, kann er zusehen, wie mit dem Zugnetz oder Spiegelnetz gefischt wird, und sich diese Forellen für seine Küche nach Stams, Telfs oder Imst bringen lassen.

Zway Seelein vor Sigmudspurg am Ferren

Dieselben zway Seelein haben auch vörhen ynnen. Vnnd so der lanndsfurst den vorgenannten See zu

Zwei Seelein vor Sigmundsburg am Fern

Diese zwei kleinen Seen (Sameranger Seen) haben auch Forellen darin. So der Landesfürst den vorher genannten See zu

Sigmundsburg vischen lasst
mag er dieselben zwai Seelein
auch darein vischen lassen.
Und so der lanndsfürst da-
selbst jagt, so lauffen die
hirschen auch gern darein

Wildseele im Putzntal

Vnd dasselb Seelein ligt wol
hinden im Pützental, hat
Vorhen innen, und so ein
Lanndsfürst im Putzen
tal jagt mag er jme das
zu notdurfft sein kuchl
vischen, oder jme die vorhn
gen Ymbst oder Stambs
bringen lassen

Sigmundspurg vischen lasst, mag Er dieselben zwai Seelein auch darzu vischen lassen. Vnd so der lanndsfürst daselbst jagt, so lauffen die Hirschen auch gern darein.

Sigmundsburg befischen lässt, so kann er diese zwei kleinen Seen auch dazu befischen lassen. Wenn der Landesfürst dort jagt, so laufen die Hirsche auch gerne hinein.

Wildseele im Pucztal

Vnd dasselb Seelein ligt wol hinden im putzental, hat Vörhen ynnen. vnd so ein Lanndsfurst im putzen tal jagt, mag Er Ime daz zu notdurfft seiner kuchl vischen oder Ime die vorhen gen Ymbst oder Stambs bringen lassen.

Wildseelein im Pitztal

Und dieses Seelein (Rifflsee) liegt weit hinten im Pitztal und hat Forellen darin. So ein Landesfürst im Pitztal jagt, kann er ihm dies zum Bedarf seiner Küche befischen oder sich die Forellen nach Imst oder Stams bringen lassen.

Playsee

Heiterwangersee

Vischwasser See vnnd päch im Gericht Ernberg

Alterwannger See

Detzgenannter Alterwannger See der hat ynnen golt vnd grunnit vorhen Velkhn vnd prachsen vnnd das ist ain sonnder lusstiger nutzlicher See ainem lanndsfursten dann Jme solh vorhen in dreien tagen gen Augspurg oder in zwaien tagen gen Ynnsprugg lebentig gebracht mugen werden. Mag auch sunst sonndern lusst darauf haben.

Vischwasser, see vnd päch im Gericht Ermberg*

Aiterwanger See

Yetzgenannter Aiterwanger See, der hat ynnen golt vmd grunnt vörhen, Velkhen vnd prächsen. Vnnd das ist ein sonnder lusstiger, nutzlicher See einem lanndsfursten, dann Ime solh vörhen in dreien tagen gen Awgspurg oder in zwaien tagen gen Ynsprugg lebentig gebracht mugen werden. Mag auch sonnst sonndern lusst darauf haben,

Heiterwanger See

Jetzt genannter Heiterwanger See, der hat darin Goldforellen (Seesaiblinge) und Grundforellen (Seeforellen), Felchen und Brachsen. Das ist ein besonders vergnüglicher und nützlicher See für einen Landesfürsten, da ihm solche Forellen in drei Tagen nach Augsburg und in zwei Tagen nach Innsbruck lebend gebracht werden können. Er kann auch sonst besonderes Vergnügen dort haben,

* Ehrenberg

mit hechten oder gumbsen zu jagen mag
auch bede seewald wol haien und dieweil
mit der segen vischen bis das gumbswild
in die wegnad treibt alsdann mag er das
selbs aus[...]essen oder abstechen. Und
nach solhem gejaiden und vischen mag
der lanndsfurst mit seinem frawen-
zimer ritterschafft und hofgesind bei
derselben die grueten golt vorhen absieden
lassen. Und also ain pannigget
mit dem gefanngen Wiltpret daselbs
am gstat zuverlegen. Auch darzu
frewd und lusst mit tanntzen haben

Plaansee

Derselb plansee ligt zu negst under vor
geschribem aiterwannger see der hat
auch golt und grunt vorhen welchen
und prachsen. Und das ist auch
ain sunder lusstiger nutzperlicher
see ainem lanndsfursten dann
sunder gut wol gesmach visch darin
sind und dem lanndsfursten zu
seiner tafl und kuchel wol dienen

mit hirschen oder gembsen zu jagen, mag auch bede gejaid wol hören vnnd dieweil mit der Segen vischen, bis das gembßwild in die wennd steet. Alsdan mag Er das selbs ausschießen oder ausfelen. Vnd nach solhem gejaiden vnd vischen mag der lanndsfurst mit seinem Frawen zimer, Botschafften vnd Hofgesind bei disem See die gueten golt vörhen absieden lassen. Vnnd also ein panngget mit dem gefanngen Wiltpret daselbs am gstat zuerlegen, auch dartzu freid vnd lusst mit tanntzen haben.

Hirsche oder Gämsen zu jagen. Er kann auch beide Jagden gut hören und inzwischen mit dem Zugnetz fischen, bis das Gamswild in den Wänden steht, und dieses dann selbst abschießen oder ausfällen. Nach solchem Jagen und Fischen kann der Landesfürst mit seinen Hofdamen, Botschaftern und Hofgesinde an diesem See die guten Seesaiblinge absieden lassen und mit dem am Gestade erlegten Wildbret dort ein Bankett halten und dazu Freude und Vergnügen beim Tanzen haben.

Plaänsee

Derselb plansee ligt zu negst vnnder vor geschribenem Aiterwanngersee, der hat auch golt vnd grunt vörhen, Vekhen vnd prächsen. Vnnd das ist auch ein sonnder lusstiger, nutzperlicher See einem lanndsfürsten, dann sonnder guet wolgesmach visch darinen sind vnd dem lanndsfürsten zu seiner tafl vnd kuchl wol diennen

Plansee

Dieser Plansee liegt nahe unter vorher beschriebenen Heiterwanger See, und hat auch Seesaiblinge und Seeforellen, Felchen und Brachsen. Das ist auch ein besonders vergnüglicher, nutzbringender See für einen Landesfürsten, da besonders gute und wohlschmeckende Fische darin sind, die dem Landesfürsten für seine Tafel und Küche sehr dienlich mag auch · auf solhem see das gembß gejaid am Zwiselperg · sehen vnd hören jagen · Vnnd also hiesst haben auf disem see · mit der segen zu vischen vnd jagen · auch mit panngett vnd tanntzn · freid · vnd hiesst haben · wie bei dem vorgeschriben heiterwannig see · gemelt ist

Pflachsee

Der obbestimbter pflachsee · der ligt am lechen · vnd stosst an die vorgenanten plaansee vnd heiterwannger see · der hat auch golt vnd gemain vorchen ynnen · Vnnd so ein lanndsfürst die obbemelten plaa vnd heiterwanngersee gevischt hat mag Er alsdann auf disen pflachsee zu dem kalter farn vnd sich daselbs des gewissen vischen zu seinem panngett versehn · mag auch von see · das gembß gejaid am tharenn sehen vnd hören jagen mag, auch auf sölhem See das gembs gejaid am Zwiselperg sehen vnd hörn Jagen, Vnnd also lusst haben, auf disem See mit der Segen zu vischen vnd jagen, auch mit pannget vnd tanntzen freid vnd lusst haben, wie bei dem vorgeschriben Aiterwannger see gemelt ist.

sind. Er kann auf diesem See die Gamsjagd am Zwieselberg sehen und das Jagen hören, und sich auch erfreuen, auf diesem See mit dem Zugnetz zu fischen und jagen, sowie am Bankett und Tanz Freude und Vergnügen haben, wie beim vorher beschriebenen Heiterwanger See gemeldet wurde.

Phlachsee

Obbestimbter phlachsee, der ligt am Rechen vnd stosst an die vorgenanten plaän vnd aiterwannger See. der hat auch golt vnd grunt vörhen ynnen. Vnnd so ein lanndsfürst die obbemelten plaä vnd aiterwannger See gevischt hat, mag Er alsdann auf disen phlachsee zu dem Kalter faren vnd sich daselbs des gewisen vischen zu seinem pannget versehen, mag auch von See das gembßgejaid am thawrn sehen vnd horn Jagen.

Pflachsee

Oben bestimmter Pflachsee (kleiner Plansee), der liegt am Rechen und grenzt an die vorher genannten Plan- und Heiterwanger Seen, und hat auch Seesaiblinge und Seeforellen darin. So ein Landesfürst den oben genannten Plan- und Heiterwanger See befischt hat, kann er anschließend an diesen Pflachsee zum Hälter fahren und sich dort mit den gewissen Fischen für sein Bankett versehen, und kann auch vom See aus die Gamsjagd am Tauren sehen und die Jagd hören.

Putzenpach

Bestimbter putzenpach rint herab von dem haberspannder und kumbt in lutterwannger see der hat wol vorhen innen. Und wann ein lannds furst die vorbemelten see vischt mag er auf solhem pach durchlesst haben mit dem pern und angl zu vischen

Wildsee in der Muntzagrueben

Jetzgenannter Wildsee in der muntza grueben ligt under dem ferren der hat auch vorhen und phrillen innen und das ist auch ein lusst see dann so ein lanndsfurst uber den ferren hin und wider zeucht mag er im den so er zu vergnuss ligt vischen lassen zu notdurfft seiner kuchl auch so man daselbst jagt lauffen die hirschen gern darein

Puczenpach

Bestimbter pützenbach Rint herab von den häberwennden vnd Kumbt in Aiterwanngersee, der hat wol vörhen ynnen. Vnnd wann ein lanndsfürst die vorbemelten See vischt, mag Er auf solhen pach auch lusst haben, mit dem pern vnd anngl zu vischen.

Pitzenbach

Bestimmter Pitzenbach rinnt herab von den Haberwänden und gelangt in den Heiterwanger See, der hat genug Forellen darin. Und wenn ein Landesfürst im betreffenden See fischt, kann er auch Vergnügen haben, in diesem Bach mit Hamen und Angel zu fischen.

Wildsee in der Muntzagrueben

Yetzgenannter Wildsee in der muntzagrueben ligt under dem ferrn. der hat auch vörhen vnd phrillen ynnen, vnd das ist auch ein lusst See. dann so ein lanndsfurst über den ferrn hin und wider zeucht, mag Er Im den, so Er zu Lermuß ligt, vischen lassen zu notdurfft seiner kuchl. auch so man daselbst jagt, lauffen die hirschen gern darein.

Wildsee in der Muntzagrube

Jetzt genannter Wildsee in der Muntzagrube (Blindsee) liegt unter dem Fernpass. Der hat auch Forellen und Elritzen darin und das ist auch ein vergnüglicher See. Denn wenn ein Landesfürst über den Fernpass hin und her zieht, kann er sich den, wenn er bei Lermoos weilt, für den Bedarf seiner Küche befischen lassen. Wenn er dort jagt, so laufen auch die Hirsche gerne dort hinein.

Weyssen See

Derselb weissen See ist auch ain wildsee
ligt zwischen Piberbier und der ferrn
der hat auch vorhen prächsen und pfrilln
und das ist auch ein lusst See und so
ein Lanndsfurst umb den ferrn
ist mag er jm den auch zu notdurfft
seins hofs mit der Segen vischen
lassen Es lauffen die hirschen
auch gern in disen See

Wildsee in Sebm

Oberrauter See in Seebm der ligt ob
Piberbier gegen dem Gaistal der
hat wol vorhen jnnen und solh vorhen
darinnen sein gantz swartz und
haben cleine mewlein und sind wol
gesmach und das ist ein
nutzperlich See ein Lanndsfursten
dann man jm solh vorhen daraus

Weyssen See

Derselb weissen See ist auch ein wildsee, ligt zwischen piberbier vnd des ferrn. der hat auch vörhen, prächsen vnd phrilen. Vnnd ist auch ein lusst See. vnd so ein Lanndsfurst vmb den ferren ist, mag Er Im den auch zu notdurfft seins hofs mit der Segen vischen lassen. Es lauffen die hirschen auch gern in disen See.

Weißensee

Dieser Weißensee ist auch ein Wildsee und liegt zwischen Biberwier und dem Fern. Er hat auch Forellen, Brachsen und Elritzen darin und ist auch ein vergnüglicher See. Wenn ein Landesfürst um den Fern verweilt, so kann er sich zum Bedarf seines Hofes mit dem Zugnetz daraus fischen lassen. Es laufen auch die Hirsche gerne in diesen See.

Wildsee in Sebm

Obberürter See in Seebem, der ligt ob piberbier gegen dem Gaistal. der hat wol vörhen ynnen, vnd solh vorhen darinen seinen ganntz Swartz vnd haben Cleine mewlein vnd sind wolgesmach. Vnnd das ist ein nutzperlich See einen Lanndsfurtsen, dann man Im solh vörhen daraus

Wildsee in Seeben

Oben betreffender See in Seeben (Seebensee), der liegt oberhalb Biberwier gegen das Gaistal zu und hat genug Forellen darin. Diese Forellen sind ganz schwarz, haben kleine Mäulchen und sind wohlschmeckend. Das ist ein nutzbringender See für einen Landesfürsten, da man ihm die Forellen daraus

in zwaien tagen durch das Gaistal gen
Innsprugg zu notdurfft seiner kuchl
oder an ander ende dahin man es bringen
mag auch den zu besst mit den klebnetz zu
vischen lassen

Wildsee am Perckhwerch

Der welter wildsee am perckwerch ligt
ob dem genanntn See in Seebn der
hat auch vorhen Innen und solhs
Seelein vischt man in massen wie
den See in Seebn Und man mag
die vorhen daraus dem landsfursten
in zwaien tagn gen Insprugg zu
furen Wie vor angezaigt ist

Krumbsee wildsee

Derselb krumbsee der ligt ob piberbier
der Gemainen hanndt so man uber
den ferrn hinaus sicht der hat
vorhen Innen den sol der lannds

in zwaien tagen durch das Gaistal gen Ynnsprugg zu notdurfft seiner kuchl, oder an annder ennde daselbsumb bringen mag, auch den zu lusst mit den Klebnetzen Vischen lassen.

in zwei Tagen durch das Gaistal nach Innsbruck zum Bedarf seiner Küche, oder in eine andere Gegend dort herum bringen kann. Er kann diesen See zum Vergnügen auch mit den Stellnetzen befischen lassen.

Wildsee am Perckhwerch

Bemelter wildsee am perckwerch ligt ob dem genannten See in Seebem, der hat auch vörhen ynnen, vnd solhs Seelein Vischt man in massen, wie den See in Seebem. Vnnd man mag die vörhen daraus dem lanndsfursten in zwaien tagen gen Ynsprugg zu fuern. Wie vor angezaigt ist.

Wildsee am Bergwerk

Behandelter Wildsee am Bergwerk (Drachensee) liegt oberhalb dem genannten See in Seeben. Der hat auch Forellen darin, und diesen kleinen See befischt man in gleicher Weise, wie den Seebensee. Man kann die Forellen daraus dem Landesfürsten in zwei Tagen nach Innsbruck führen, wie zuvor angegeben wurde.

Krumbsee wildsee

Derselb Krumbsee, der ligt ob piberbier der Tenncken hanndt, so man vber den ferrn hinaus zeucht. der hat hechten ynnen. den sol der lannds-

Krummsee Wildsee

Dieser Krummsee (Mittersee) liegt oberhalb Biberwier, linker Hand, wenn man über den Fernpass hinaus zieht. Der hat Hechte darin, die kann der Landesfürst vischen und jme die zu seiner kuchl bringen lassen. so er zu kennuß ligt

Clamers weyerl

Obgenannts Clamers weyerlein das ligt gegen Reuta. solhs weelein hallt man zu preuet der zwaier see zu ymbst vnd Frymmdt sein doch mag man dem lannds fürsten zu seines hofs notdurfften ain essen visch oder zwaij vischen lassen.

Weyer in der Ebm

Jetzgedachter weyer ligt vnnder dem Sloß Crumberg in der wisen der hat Hecht vnd sonnst allerlai Clain visch Vnnd solhe weyerlein ist ain lannds fürsten ain lusst zu der Valkhenpais fürst vischen vnd ime zu seiner kuchl bringen lassen, so Er zu lermuß ligt.

fürst fischen und sich zu seiner Küche bringen lassen, wenn er in Lermoos weilt.

Clamers weyerl

Obgenannts Clamers weyerlein, das ligt gegen Rewta, solhs Seelein hallt man zu pruet der zwaier see zu ymbst vnd Frunndtsam. doch mag man dem lanndsfürsten zu seines hofs notdurfften ain Essen visch oder zway vischen lassen.

Klamer Weiher

Oben genanntes Klamer Weiherlein liegt (in Kreckelmoos) gegen Reutte zu, und diesen kleinen See hält man für die Brut der zwei Seen zu Imst und Freundsheim. Doch man kann dem Landesfürsten für seines Hofes Bedürfnisse ein oder zwei Mahlzeiten an Fisch daraus fischen lassen.

Weyer in der Ebm

Yetzgedachter weyer ligt vnnderm Sloß Ernnberg in der wisen. der hat hecht vnd sonnst allerlai Clain visch. Vnnd solhs weyerlein ist einen lanndsfürsten ein lusst zu der Valkhenpais,

Weiher in der Ebene

Jetzt vorgestellter Weiher liegt in der Wiese (am Pfannenbichl) unter dem Schloss Ehrenberg, der hat Hechte und außerdem allerlei Kleinfische. Dieser kleine Weiher bietet einem Landesfürsten das Vergnügen der Falkenbeize,

dann es gewondlich albeg kuttfogl
darauf ligen hat. mag jme auch selbs seele
zu schnelt der valkenpaiss zu lassen
und der vogen vischen lassen.

Seele enhalb der phlach

[E]genanntes Seele enhalb der phlach hat
gnüt vorchen Innen. Unnd wann
ein lanndsfurst, umb kremborg
oder fursten ist mag er jme solchs
Seele zu notdurfft seiner hof
kuchl vischen lassen.

Seele hinder der wannd

[D]asselb Seele hindter d' wannd das hat
auch vorchen Innen. Unnd ein
lanndsfurst mag das auch zu not=
durfft seiner kuchl vischen lassen.
so er umb krembs oder fursten ist.

dann es gewenndlich albeg Anntfogl darauf ligen hat, mag Jme auch selbs seele zusambt der Valkenpaiß zu lusst mit der Segen vischen lassen.

da gewöhnlich stets Entenvögel darauf schwimmen. Er kann auch diesen kleinen See, neben der Falkenbeize, zum Vergnügen mit dem Zugnetz befischen lassen.

Seele enhalb der Phlach

Genanntes Seele enhalb der phlach hat guet vörhen ynnen. Vnnd wann ein lanndsfürst vmb Ernnberg oder fuessen ist, mag Er Jme solhs Seele zu notdurfft seiner hof kuchl vischen lassen.

Seelein jenseits von Pflach

Genanntes Seelein jenseits von Pflach hat gute Forellen darin. Wenn ein Landesfürst um Ehrenberg oder Füssen weilt, kann er sich diesen kleinen See zum Bedarf seiner Hofküche befischen lassen.

Seele hindter der wanndt

Dasselb Seele hindter der wannd, das hat auch vörhen ynnen. Vnnd ein Lanndsfurst mag das auch zu notdurfft seiner kuchl vischen lassen, so Er vmb Rewta oder Fuessen ist.

Seelein hinter der Wand

Dieses Seelein hinter der Wand (bei Oberletzen), das hat auch Forellen darin. Ein Landesfürst kann dies auch zum Bedarf seiner Küche befischen lassen, wenn er um Reutte oder Füssen ist.

Vnram Seele

Bestimbts vnrames Seele ligt ob Rotta das hat vorhen vnd korpfen Innen vnnd so berurts Seele geraumbt ist mag man das dem Lanndsfursten zu hoff wol versehen. auch zue der karpfen vnd vorhen. gen Cramberg oder wo Er an denselben annden vmb ist zu bringen

Seele hinderm Hornpach

Dasselb Seelein hinderm hornpach. hat auch vorhen Innen. vnnd das mag ainn Lanndsfürsten auch versehen zu notdurfft seins hoffs. so Er also vmb Cramberg ist.

Vnrain Seele

Bestimbts vnrains Seele ligt ob Rewta. das hat vörhen vnd kerpfen ynnen. vnnd so berürts Seele gerawmbt ist, mag man das dem Lanndsfursten zu lusst wol vischen, auch Ime die Kerpfen vnd vörhen gen Ernnberg, oder wo Er an denselben ennden vmb ist, zubringen.

Unreines Seelein

Bestimmtes unreines Seelein (Urisee) liegt oberhalb Reutte und hat Forellen und Karpfen darin. Wenn das betreffende Seelein gereinigt ist, kann man dies dem Landesfürsten zu seinem Vergnügen befischen und ihm die Karpfen und Forellen nach Ehrenberg, oder wo er sonst dort in der Gegend herum ist, bringen.

Seele hinderm Hornnpach

Dasselb Seelein hinderm hornpach hat auch vörhen ynnen. Vnnd das mag einen Lanndsfürsten auch vischen zu notdurfft seins hofs, so Er also vmb Ernnberg ist.

Seelein hinterm Hornbach

Dieses Seelein hinterm Hornbach (Schwarzwassersee in Hinterhornbach) hat auch Forellen darin. Darin kann man für einen Landesfürsten auch fischen, zum Bedarf seines Hofes, wenn er um Ehrenberg verweilt.

See auff Thamhaim

Haldennsee

Derselb halldennsee · Ist ein willdsee · ligt
auf Thamhaim · der hat hechtn prachsn
Altn und annder Clain visch ynnen
Und das ist ein lannds fursten ein
nutzlicher see dann der vil visch ·
hat, Auch sind die guet und wolge=
schmach darinnen · Man mag auch
solh visch · daraus einem lannds
fursten · lebentig gen Ynnsprugg
oder wo er daselbs im Lannd ist ·
zu notdurfft seiner kuchel zu
bringen und fueren

See auf Thannhaim*+

Haldennsee

Derselb halldensee ist ein willdsee, ligt auf Thannhaim, der hat hechten, praxen, Allten vnd annder Clain visch ynnen. Vnd das ist einem lanndsfürsten ein nutzlicher see, dann der wol visch hat, Auch sind die guet vnd wolgesmach darinen. Man mag auch solh visch daraus einem lanndsfursten lebentig gen Ynnsprugg, oder wo Er daselbs im Lannd ist, zu notdurfft seiner kuchl zu bringen vnd fuern.

Haldensee

Dieser Haldensee ist ein Wildsee, liegt im Tannheimertal, und hat Hechte, Brachsen, Döbel und andere Kleinfische darin. Es ist einem Landesfürsten ein nützlicher See, da er viele Fische hat, die auch gut und wohlschmeckend sind. Man kann die Fische daraus einem Landesfürsten lebend nach Innsbruck, oder wo er sonst im Land ist, zum Bedarf seiner Küche hinbringen und zuführen.

* Tannheim (+ Gericht Ehrenberg)

Vilsee

Gemelter Vilsee der ligt auch auf
Tharnhaim und hat wol golt vorhen
und velhen ynnen die guet und
wol gesmach darinnen sein. Und
das ist ein sunder lusstiger und
nutzlicher See. einem lanndsfürsten
Dann er mag Ime solh guet golt
vörhen und velhen auf drey tag
rayss weyt zu seinem mund leben-
tig zufüren und bringen lassen.
Auch so ein lanndsfürst auf
Tharnhaim gembsen Jaget mocht
er Im denselben See zu lusst mit
den Vatznetzen zu vischen verordnen
und also lusst darauf haben

Vilsee

Gemelter Vilsee, der ligt auch auf Thannhaim vnd hat wol golt vörhen vnd Velhen ynnen, die guet vnd wol gesmach darinen seien. Vnd das ist ein sonnder lusstiger vnd nutzlicher See einem lanndsfürsten, dann Er mag Ime solh guet golt vörhen vnd Velhen auf drey tag Rayß weyt zu seinem mund lebentig zufuern vnd bringen lassen. Auch so ein lanndsfürst auf Thannhaim gembsen jaget, mocht Er Im denselben See zu lusst mit den Satznetzen zu vischen verordnen vnd also lusst darauf haben.

Vilsalpsee

Gemeldeter Vilsalpsee, der liegt auch im Tannheimertal und hat viele Seesaiblinge und Felchen, die darin gut und wohlschmeckend sind. Das ist ein besonders vergnüglicher und nützlicher See einem Landesfürsten, denn er kann sich diese guten Seesaiblinge und Felchen auf einer dreitägigen Reise lebend für seinen Mund zuführen und bringen lassen. Wenn ein Landesfürst im Tannheimertal Gämsen jagt, möchte er im selben See zum Vergnügen mit den Spiegelnetzen zu fischen verordnen und auch Vergnügen damit haben.

Traualbl See

Derselb Trauabl See ligt auch auf
Thaurnhaim der hat auch golt vorhen
und Velchen Innen Unnd
daz ist dem Lanndsfursten auch ein
sonnder nutzlicher und lusstiger See.
Dann die golt vorhen und Velchen
so gut und wolgesmach sein. Als im
bemeltn Vilsee. Auch die auf drey
tagraiß zufueren und bringen
mag Zumassen wie im vorge-
schriben. Auch diser See mit
den Vatzmitzen also zu vischen ist

Unnd zu solhen vorgeschriben dreien
Seen auf Thaurnhaim. sol der
Lanndsfurst zwen vischgrueben

Träuäbl See

Derselb Träuäbl See ligt auch auf Thannhaim, der hat auch golt vorhen vnd Velhen ynnen. Vnnd daz ist dem lanndsfursten auch ein sonnder nutzlicher vnd lusstiger See, dann die golt vorhen vnd Velhen so guet vnd wolgesmach sein Als in bemelten Vilsee, Auch die auf drey tagraiß zufuern vnd bringen mag, inmassen wie in vorgeschriben, Auch dieser See mit den Satznetzen also zu vischen ist.

Traualpsee

Dieser Traualpsee liegt auch im Tannheimertal, und hat ebenfalls Seesaiblinge und Felchen darin. Das ist dem Landesfürsten auch ein besonders nützlicher und vergnüglicher See, denn die Seesaiblinge und Felchen sind so gut und wohlschmeckend wie im genannten Vilsalpsee. Man kann diese in gleicher Weise wie vorher beschrieben, auf einer dreitägigen Reise zuführen und bringen. Auch dieser See ist mit Spiegelnetzen zu befischen.

Vnnd zu solhen vorgeschriben dreien Seen auf Thannhaim sol der Lanndsfürst zway visch grueben

Und zu diesen vorher beschriebenen drei Seen im Tannheimertal soll der Landesfürst zwei Fischgruben

·machen lassen· damit die gefanngk
golt wechsen vnd welhen· aus den
bestimbten ortn· in solh kallter
getan werden· Vnnd man die
zu yeder zeit dem lanndsfürstn
also gewisslich vnd furderlich
daraus zugebracht mugen
werden·

machen lassen, damit die gefanngen golt vörhen vnd velhen aus den bestimbten See in solh kallter getan werden. Vnnd man die zu yeder zeit dem lanndsfürsten also gewißlich vnd furderlich daraus zugebracht mugen werden.

machen lassen, damit die gefangenen Seesaiblinge und Felchen aus den genannten Seen in solche Hälter gegeben werden. So kann man sie zu jeder Zeit dem Landesfürsten sicher und verlässlich zubringen.

See zu harratzried

Obgenannter See zu harratsried der ligt zwischen Fuessen und wanngen der hat wol karpfen prächsen und hallten innen und mag darein setzen allerlai visch die darin wol geraten. Unnd solher see ist ainem lanndsfursten nutzlich dann der wol visch hat auch die selben visch daraus in die grafschafft Tirol fueren und die see daselbs in der grafschafft tirol damit besetzen auch mag man solh visch zu des Lanndsfursten kuchl gen Ynsprugg lebentig fueren. Es rint auch aus demselben See zu harratsried rint ein pach der auch wol visch innen hat und so ein lanndsfurst daselbs ist mag er lusstigs valckenpaiss darauf haben dann die Raiger gern

See zu harratzried

Obgenannter See zu Harratsried, der ligt zwischen Eysne vnd Wanngen. der hat wol Kerpfen, Präxen vnd Allten ynnen, vnd mag darein setzen allerlai visch, die darin wol geraten. Vnnd solher See ist einem lanndsfursten nutzlich, dann der wol visch hat, Auch die selben visch daraus in die grafschafft Tirol fueren vnd die See daselbs in der grafschafft tirol damit besetzen. Auch mag man solh visch zu des Lanndsfürsten kuchl gen Ynsprugg lebentig fueren. Es rint auch aus demselben See zu harratsried (Rint) ein pach, der auch wol visch ynnen hat. vnd so ein lanndsfürst daselbs ist, mag Er lusstige valkhenpais darauf haben, dann die Raiger gern

See bei Harratzried

Oben genannter See zu Harratsried (bei Eglofs im Allgäu), der liegt zwischen Isny und Wangen, er hat genug Karpfen, Brachsen und Döbel darin, und man kann allerlei Fische hinein setzen, die darin gut geraten. Dieser See ist einem Landesfürsten nützlich, da er viele Fische hat. Man kann auch dieselben Fische daraus in die Grafschaft Tirol führen und die Seen dort in der Grafschaft Tirol damit besetzen. Auch kann man diese Fische lebend zu des Landesfürsten Küche nach Innsbruck führen. Aus demselben See zu Harratsried rinnt auch ein Bach, der viele Fische darin hat. So ein Landesfürst dort ist, kann er eine vergnügliche Falkenbeize darauf haben, da die Reiher gerne

dasselb stern. kan auch wol kunt fogl
darumb hat auch zu den selben
der heiligist zusambt gemelter
[illegible] [illegible] mit der figuren par
auß zu [illegible] gen verordent

daselbs steen, Auch wol Anntfogl darauf hat, Auch Jme denselben See zu lusst zusambt gemelter Valkenpaiß mit der Segen darauf zu vischen verordnen.

dort stehen, und auch viele Entenvögel drauf sind. Neben der genannten Falkenbeize, kann er zu seinem Vergnügen auch verordnen, denselben See mit dem Zugnetz zu befischen.

Vischwasser See vnd päch im Gericht Lanndegg

Wildsee zum Stain

Der selb willdsee zum Stain ligt gegen
Kronnburg oder haisst im pirg zum
Stain der ist besetzt mit vorhen.
vnnd so ein lanndsfurst zu
Lanndegg ligt mag er im den zu
notdurfft seiner kuchl vischen
vnd im selb vorhen zubringen
lassen.

Vischwasser, see vnd päch im Gericht Lanndegg*

Wildsee zum Stain

Derselb Willdsee zum Stain ligt gegen Kronnburg über, haisst im pirg zum Stain, der ist besetzt mit vörhen. Vnnd so ein lanndsfürst vmb Lanndegg ligt, mag Er Im den zu notdurfft seiner kuchl vischen vnd Ime solh vörhen zubringen lassen.

Wildsee zum Stein

Dieser Wildsee zum Stein (Steinsee) liegt gegenüber von Kronburg, es heißt dort im Gebirge zum Stein (Steinkar), und der ist besetzt mit Forellen. Wenn ein Landesfürst um Landeck weilt, so kann er sich diesen zum Bedarf seiner Küche befischen und sich diese Forellen zubringen lassen.

* Landeck

Wildsee im Putrich

Bestimbter · Willdsee im Putrich der ligt auch im perg zum Stain der hat vorhen Namen und so man den vorgeschriben des Zum Stain verlicht sol man solhen Willdsee zum Putrich auch verlichen ·

Wildsee im Silber

Derselb · wildsee · ligt im perg in Silber · der hat auch vorhen Namen den mag der Lanndsfurst · auch verlichen lassen · so er in Silber das Stain willd legt oder so er umb Zambs oder Lanndegg ist ·

Wildsee im Pütrich

Bestimbter Willdsee im putrich, der ligt auch im pirg zum Stain. der hat Vörhen ynnen. vnd so man den vorgeschriben See zum Stain vischt, sol man solhen Willdsee zum putrich Auch vischen.

Wildsee im Bittereck

Bestimmter Wildsee im Bittereck (Bittrichsee), der liegt auch im Gebirge zum Stein (Steinkar), und hat Forellen darin. Wenn man den vorher beschriebenen See zum Stein befischt, so soll man diesen Wildsee im Bittereck auch befischen.

Wildsee in Silber

Derselb wildsee ligt im pirg in Silber, der hat auch vörhen ynnen. den mag der Lanndsfürst auch vischen lassen, so Er in Silber das Stain wild jagt oder so Er vmb Zambs oder Lanndegg ist.

Wildsee in Silber

Dieser Wildsee liegt im Gebirge in Silber (Silberspitz), der hat auch Forellen darin. Den kann der Landesfürst auch befischen lassen, wenn er am Silberspitz das Steinwild jagt oder wenn er um Zams oder Landeck verweilt.

Wildsee in Potznawn

Bemelter. Willsee in potznawn. der
hat durch vorhern gerunnen und
der Tresana pach. so daraus rint der
hat durch vorhern rinnen. und solhen
weyer mag jme ein lanndsfurst.
durch zu notdurfft seiner kuchel
vischen lassen. so er umb lanndegg
ist

Wildsee in Pocznawn

Gemelter Willdsee in potznawn, der hat auch vörhen ynnen. Ynnd der Tresäna pach, so daraus Rint, der hat auch vörhen ynnen, vnd solhen weyer mag Jme ein lanndsfürst auch zu notdurfft seiner kuchl vischen lassen, so Er vmb lanndegg ist.

Wildsee in Paznaun-

Gemeldeter Wildsee im Paznaun (Vermuntsee), der hat auch Forellen darin, und der Trisanna Bach, der daraus rinnt, hat ebenfalls Forellen darin. Diesen Weiher kann sich der Landesfürst auch zum Bedarf seiner Küche befischen lassen, wenn er sich um Landeck aufhält.

- (zu Gericht Nauders)

Vischwasser See vnd pach im Gericht landegg

Weyer bey dem Sloss landegg

Derselb weyer hat hechten karpfen
vnnd sunnst allerlai Clain visch
Darynen vnnd so ein lanndsfurst
Zu Landegg oder prutz ist mag
Er im etliche essen visch daraus
Zu notdurfft seiner kuchl vischen
lassen.

Vischwasser, see vnd pach im Gericht Lawdegg*

Weyer bey dem Sloß lawdegg

Derselb weyer hat hechten, Kerpfen vnnd sonnst allerlai Clain visch ynnen. vnnd so ein lanndsfurst zu Lawdegg oder prutz ist, mag Er Im etliche essen visch daraus zu notdurfft seiner kuchl vischen lassen.

Weiher beim Schloss Laudegg

Dieser Weiher hat Hechte, Karpfen und sonst allerlei Kleinfische darin. Wenn ein Landesfürst in Laudegg oder Prutz ist, kann er sich daraus einige Mahlzeiten Fische zum Bedarf seiner Küche fischen lassen.

* Laudegg

Wildsee Waldenpach

Bestimbter Wildsee Waldenpach der ligt ob dem dorf Karons und ist besetzt mit vorhen und so ein landsfurst in derselben gegent umb ist mag er im alzeit ain hundert vorhen daraus zu notdurfft seiner kuchl fahen und zubringen lassen

Wildsee am Nadrerperg

Obgenannter Wildsee am Nadrerperg der ligt im Karoner tal. der ist auch besetzt mit vorhen und so ein landsfurst auf permegk oder daselbs umb ligt. mag er ime selb vorhen aus demselben wildsee auch vischen und zu seiner kuchl bringen lassen.

Wildsee Waldenpach

Bestimbter Wildsee Waldenpach der ligt ob dem dorf Kawns vnd ist besetzt mit vorhen. Vnnd so ein lanndsfurst in derselben gegent vmb ist, mag Er Im altzeit ein hundert vorhen daraus zu notdurfft seiner kuchl fachen vnd zubringen lassen.

Wildsee Waldenbach

Bestimmter Wildsee Waldenbach liegt oberhalb des Dorfes Kauns und ist besetzt mit Forellen. Und wenn ein Landesfürst in dieser Gegend herum ist, kann er sich jederzeit einhundert Forellen daraus zum Bedarf seiner Küche fangen und bringen lassen.

Wildsee am nadrerperg

Obgenannter Wildsee am Nadrerperg, der ligt im Kawner tal, der ist auch besetzt mit vörhen. Vnnd so ein Lanndsfürst auf pernnegk oder daselbstumb ligt, mag Er Ime solh vörhen aus demselben wildsee auch vischen und zu seiner kuchl bringen lassen.

Wildsee am Nederberg

Oben genannter Wildsee am Nederberg, der liegt im Kaunertal, und ist auch besetzt mit Forellen. Wenn ein Landesfürst auf Bernegg oder sonst wo dort herum weilt, kann er sich solche Forellen aus diesem Wildsee auch fischen und zu seiner Küche bringen lassen.

Krumppen gännten See

Der genanter krůmppen gannten See ist auch ain Wildsee und hat auch vorhen innen· den mag im auch ain lanndsfürst zu vischen verordnen so er umb perwegk ligt

Weyssen See

Genanter weyssen See· Ist auch ain Wildsee· und ligt im kanoner tal· der hat vorhen und so der wol besetzt ist· geraten die vorhen gern und wol darin;

Krumppn gänttten See

Berürter Krumppen gannten See ist auch ein Wildsee vnd hat auch Vörhen ynnen. den mag Im auch ein lanndsfürst zu vischen verordnen, so Er vmb pernegk ligt.

Krummgampensee

Betreffender Krummgampensee ist auch ein Wildsee und hat ebenfalls Forellen darin. Den kann ein Landesfürst zu befischen verordnen, wenn er um Bernegg weilt.

Weyssen See

Genannter weyssen See ist auch ein Willdsee vnd ligt in Kawner tal. der hat vörhen. Vnnd so der wol besetzt ist, geraten die vörhen gern vnd wol darinen.

Weißsee

Genannter Weißsee ist auch ein Wildsee und liegt im Kaunertal. Er hat Forellen, und da dieser gut besetzt ist, gedeihen die Forellen gern und gut darinnen.

Drew wildseelen in Fernndols

Dieselben drew wildseelein in Fernndols die ligen auf dem Walldenparg und die sol man dem Lanndsfürstn mit vorhen besetzen lassen dann die auch gern darinen wachsen

Wildseele in Aurenter tal

Bestimbter wildsee in Aůrenter tal der ligt zu obrist in demselbn Aůrenter tal in Tesserperg der hat vorhen innen doch ist not den pass zu besetzen

Drew wildseelen in Fenndls

Dieselben drew wildseelein in fenndels, die ligen auf dem Walldenpach vnd die sol man dem Lanndsfürsten mit vörhen besetzen lassen, dann die auch gern darinen wachsen.

Drei Wildseelein in Fendels

Dieselben drei Wildseelein in Fendels, die liegen am Waldenbach, und man soll sie dem Landesfürsten mit Forellen besetzen lassen, da diese gut darin wachsen.

Wildseele in Murenter tal

Bestimbter wildsee in Murenter tal, der ligt zu obrist in demselben Murenter tal in Tesnerperg. der hat vörhen ynnen, doch ist not, den paß zubesetzen.

Wildseelein im Murentertal

Bestimmter Wildsee im Murentertal, der liegt ganz oben (auf der Platzalpe) in demselben Murentertal am Tösenserberg. Er hat Forellen darin, doch ist es notwendig den richtig zu besetzen.

Wildseele am Oberm perg

Dasselb wildseelein am obgemeltn perg
wäre auch wol mit vorhen zu-
besetzen. Dann die darinnen gern
geraten.

Wildseele am Obernn perg

Dasselb wildseelein am obernperg wäre auch wol mit vörhen zu besetzen, dann die darinen gern geraten.

Wildseelein am Obernberg

Dieses Wildseelein am Obernberg (am Bergler Bach) wäre auch gut mit Forellen zu besetzen, da sie darin gut gedeihen.

Vischwasser vnnd See im gericht Nauders.

See auf Mal-serhaidn

Das ist der erst vnd negst See · gegen
Nauders warts · der hat Innen
hechten Vorhen Renncken vnd praxn
Vnnd das ist ein sunderlicher nutz..
perlicher lusstiger See · ainem lands-
fursten · dann die gemeltn visch ·
darinen sunder guet vnd wol
geschmach · auch die hochste goltfarb
darin sein .. Vnnd solh
visch mag im ain lanndsfurst

Vischwasser vnd see im Gericht Nauders

See auf Malserhaidn

Das ist der erst vnd negst See gegen Nauders wartz. der hat ynnen Hechten, Vörhen, Renncken vnd präxen. Vnnd das ist ein sonnderlicher nutzperlicher, lusstiger See einem lanndsfürsten, dann die gemelten visch darinnen sonnder guet vnd wol gesmach, Auch die Hechtl goltfarb darin seien. Vnnd solh visch mag im ein lanndsfurst

See auf der Malser Haide

Das ist der erste und nächste See (Reschensee) gegen Nauders zu. Der hat darin Hechte, Forellen, Renken und Brachsen. Das ist ein besonders nutzbringender und vergnüglicher See für einen Landesfürsten, da die genannten Fische darin besonders gut und wohlschmeckend, die Hechtlein auch goldfarben sind. Solche Fische kann sich ein Landesfürst

drei oder vier tag kais. vogt von
disem see zu seiner kuchl lebenntig
zu bringen und fueren lassen. auch
so ain lanndsfürst daselbs hin
und wider zeucht mag er darauf
lusst haben mit der bogen zu
schiessen zu den hechten und
rennken.

Brawnsee auf Malserhaid

Bestimbter Brawnsee der ligt zu negst
an vorgeschriben see und ist der
hinder see auf Malser haid der hat
auch hechten rennken vorhen und
prachsen. Sunnen. die auch guet
und wolgesmach sein. jnmassen
wie die visch in gemeltem see.
Und das ist ainem lanndsfürsten
auch ain sunderlich nutzperlich
lusstiger see. dann jm der lannds
fürst. mag jm dieselben visch.

drei oder vier tag Rais weyt von disem See seiner kuchl lebenntig zu bringen vnd fuern lassen. Auch so ein lanndsfürst daselbs hin vnd wider zeucht, mag Er darauf lusst haben, mit der Segen zu Vischen zu den Hechten vnnd Renncken.

drei oder vier Tagesreisen weit von diesem See lebend zu seiner Küche bringen und führen lassen. Wenn ein Landesfürst dort hin und wieder vorbei zieht, kann er dabei Vergnügen haben, mit dem Zugnetz auf die Hechte und Renken zu fischen.

Grawsee auf Malserhaid

Bestimbter Grawsee, der ligt zu negst an vorgeschriben See vnd ist der Mitersee auf Malser haid. der hat auch hechten, Rennckken, Vörhen vnd prächsen Ynnen, die auch guet vnd wolgesmach seien, Inmassen wie die visch in gemeltem See. Vnnd das ist einem lanndsfürsten auch ein sonnderlich nutzperlich, lusstiger See, dann Im der lanndsfurst mag Ime dieselben visch

Graunersee auf der Malser Haide

Bestimmter Graunersee, der liegt nahe am vorher beschriebenen See und ist der mittlere See (auch: Mittersee) auf der Malser Haide. Er hat ebenfalls Hechte, Renken, Forellen und Brachsen darin, die auch gut und wohlschmeckend sind, ebenso wie die Fische in obgenannten See. Das ist einem Landesfürsten auch ein besonders nutzbringender und vergnüglicher See, denn der Landesfürst kann sich diese Fische

auf drei od vier tagrais weyt
zu bringen lassen. Unnd solher
grawo see ist den gantzen sumer
trueb von dem wasser grawo so
darein kumt. Unnd man mueß
die vörhen herbstzeitn daraus
vischen. Es sol auch ain lannds
fürst niemand vergünnen auf
den vorgeschriben zwain seen
zu vischen. sunder selb gut
visch. auf sein selbs tafl
bringen lassen.

Der wunder See auf Malserhaid

Der selb wunder see auf Malserhaid
hat auch hechtn Renncken. Vorhen
und prachsen innen. Unnd das
ist ainem Lanndsfürsten auch ein
nutzlicher see. damit er die obge

Auf drei oder vier tag Rais weyt zu bringen lassen. Vnnd solher graw See ist den ganntzen Summer trueb von dem wasser graw, so darein Rint. Vnnd man mueß die vörhen herbst zeiten daraus vischen. Es sol auch ein lanndsfurst niemand vergönnen, auf den vorgeschriben zwaien Seen zu vischen, sonnder solh guet visch auf sein selbs tafl bringen lassen.

drei oder vier Tagesreisen weit zubringen lassen. Dieser graue See ist den ganzen Sommer trüb vom Grau-Wasser (Karlinbach) das hinein rinnt. Man muss die Forellen zu Herbstzeiten heraus fischen. Es soll ein Landesfürst auch niemandem vergönnen, auf den vorher beschriebenen zwei Seen zu fischen, sondern diese guten Fische auf seine eigene Tafel bringen lassen.

Der vnnder See auf Malserhaid

Derselb vnnder See auf Malserhaid hat auch hechten, Rennchen, Vorhen vnd Prachsen ynnen. Vnnd das ist einem Lanndsfürsten auch ein nutzlicher See, dann Er die obge-

Der untere See auf der Malser Haide

Dieser untere See (Haider See) auf der Malser Haide hat auch Hechte, Renken, Forellen und Brachsen darin. Das ist einem Landesfürsten ein nützlicher See, da die oben

schriben visch · darinen · also guet
vnd wolgesmach hat wie in
den vorbemeltn zwaien bren
geschriben steet Auch jme
der auf drei tag lais vorgt
zu notdurfft sind taffl
lebentig zubringen lassen
Vnd der lanndsfürst vergont
auf disem see zu vischn den
kartauser munchen daselbs

schriben visch darinen Also guet vnd wolgesmach hat, wie in den vorbemelten zwaien Seen geschriben steet, Auch Jme die auf drei tag Rais weyt zu notdurfft seiner tafl lebentig zubringen lassen. Vnd der lanndsfürst vergont auf disem See zu vischen den Kartauser munchen daselbs.

beschriebenen Fische darin auch gut und wohlschmeckend sind, wie bei den vorgenannten zwei Seen geschrieben steht, und sich diese auch auf drei Tagesreisen weit zum Bedarf seiner Tafel lebend bringen lassen kann. Der Landesfürst vergönnt den Kartäuser Mönchen (von Schnals) dort selbst auf diesem See zu fischen.

Vischwässer vnnd Seele im Etschland

See zu kaltarn

Vnnd derselb See zu kaltarn der hat
meinen hechten kerpfen prächsen
ölen vnd sunst allerlaj Clain
visch. Vnnd dar ist ein
Lanndßfürstn auch ein nutzlich
See. so er daselbst hinein Jagt
mag er Jme selben See zu not
durfft seiner kuchl vischen
auch bisst darauf haben
mit den Satznetzen zu vischen
Auch Jme die visch gen Bulsen
oder an annder ennde daselbs
umb lebentig zu bringen
lassen.

Vischwasser vnd seele im Etschland

See zu kaltarn

Vnd derselb See zu Kaltarn, der hat ynnen hechten, kerpfen, prächsen, alen vnd sonnst allerlai Clain visch. Vnnd das ist einen Lanndsfürsten auch ein nutzlich See. so Er daselbst Swein jagt, mag Er Ime solhen See zu notfurfft seiner kuchl vischen, Auch lusst darauf haben, mit den Satznetzen zu vischen, Auch Ime die visch gen Bulson oder an annderer ennde daselbs vmb lebentig zu bringen lassen.

See bei Kaltern

Und dieser See bei Kaltern (Kalterer See) hat darin Hechte, Karpfen, Brachsen, Aale und außerdem allerlei Kleinfische. Und es ist für einen Landesfürsten auch ein nützlicher See, denn wenn er dort (Wild)Schweine jagt, so kann er sich diesen See zum Bedarf seiner Küche befischen lassen. Auch Vergnügen damit haben mit den Spiegelnetzen zu fischen, und sich die Fische nach Bozen oder in eine andere Gegend dort herum lebend bringen lassen.

Wappenschild

Isel

Fischwasser See und päch in der Graffschaft Görz Lüentz und Toblach

See zu Toblach

Derselb See zu Toblach · hat hymen rot
und weiß vorhen · die sunder guet
und wol gesmach darinnen sein
Und das ist einem lanndsfürsten
ein nutzlicher und lusstiger guoter
See · dann so er zu Toblach ligt · oder
daselbst hin und wider zeucht · mag
er im den zu notdurfft seiner tafl
und auch zu lusst vischen lassen
und vorhen genueg daraus haben
zu seiner kuchl · man mag die rotten
vorhen darin · fur Carplawen pachi

Vischwasser, see vnd päch in der Grafschaft Görtz, Luentz vnd Toblach*

See zu Toblach

Derselb See zu Toblach hat ynnen Rot vnd weyß vörhen, die sonnder guet vnd wolgesmach darinen seinen. Vnd das ist einem lanndsfürsten ein nutzlicher vnd lusstiger, gueter See. dann so Er zu Toblach ligt oder daselbst hin vnd wider zeucht, mag Er Im den zu notdurfft seiner tafl vnd auch zu lusst vischen lassen vnd vörhen genueg daraus haben zu seiner kuchl, mag man die Rotern vörhen darin fur Carplawn pachen.

See bei Toblach

Dieser See bei Toblach (Toblacher See) hat darin rote und weiße Forellen, die besonders gut und wohlschmeckend sind. Das ist einem Landesfürsten ein nützlicher und vergnüglicher, guter See. Denn wenn er bei Toblach verweilt oder dort hin und wieder vorbeizieht, kann er sich diesen zum Bedarf seiner Tafel und seinem Vergnügen auch befischen lassen und genug Forellen für seine Küche daraus haben. Man kann die roten Forellen wie Kapaune (Hähnchen) backen.

* Görz, Lienz und Toblach

See vnderm Rauchenkobl

Der stainseer See vnderm Rauchen
kobl. der hat ynnen karpfen
krebs. Verchen vnd Aupaß. Vnd
ein Lanndsfürst mag sonndern
lusst haben. auf solhem See.
dann der Rauch kobl ein gut
gembs gejaid ist. vnd gar an
denselben See stosst. dann
dieweil der Lanndsfürst
auf solhem See visht. mag
er jm das gembß gejaid zu lusst
auch besagen lassen. vnd das
horn vnd die gembsen zu dem
wanndt schen lassen. vnd disen
See visht yetz her Aichel von
Wolkhenstain.

Brachsee

Derselb Brachsee hat auch

See vnderm Rauchenkobl

Bestimbter See vnnderm Rauchen kobl, der hat ynnen Kerpfen, Krebs, Vörhen vnd Anpaß. Vnd ein lanndsfurst mag sonndern lusst haben Auf solhem See, dann der Rauch kobl ein guet gembsgejaid ist vnd gar an denselben See stossest, dann dieweil der Lanndsfürst auf solhem See vischt, mag Er Im das gembßgejaid zu lusst auch bejagen lassen vnd das horn vnd die gembsen zu den Wennden sehen lauffen. vnd disen see vischt yetz herr Michel von Wolkhenstain.

See unterm Rauchkofel

Bestimmter See unterm Rauchenkofel (Tristacher See), der hat darin Karpfen, Krebse, Forellen und Anbeiß (Barsche). Ein Landesfürst kann besonderes Vergnügen haben auf diesem See, da der Rauchkofel eine gute Gamsjagd bietet die an diesen See grenzt. Während der Landesfürst auf dem See fischt, kann er zu seiner Lust die Gamsjagd abhalten lassen, dies hören und die Gämsen in den Wänden laufen sehen. Diesen See befischt jetzt Herr Michael von Wolkenstein.

Brachsee

Derselb Brachsee, der hat auch

Pragser See

Dieser Pragser Wildsee, der hat auch

Hucnen gut edl vorhen · vnnd
das ist auch ein sonnder lusstig
See einem lanndsfursten · dann
er dabei auf kay dreyerlay weysst habñ mag
mit hirssen vnd gembssen zu
Jagen · auch auf demselben
See · mit der Segen zu vischen
auch hier solh edl gut vorhen
zu seiner tafl zubringn verordnen ·

See am endtholtz

Bemelter · See · am enndtholtz ·
hat auch vorhen Hucnen · vnd
zu disem vnd zu obgeschriben
Brauchsste · vermaint der
von Brichsen gerechtigkait
zu haben · aber der von Gortz
ist in kainer gerechtigkait
gestanndn · hat auch nit dar
auf vischen tuen lassen ·

Ynnen guet Edl vörhen. Vnnd das ist auch ein sonnder lusstig See einem lanndsfürsten, dann Er dabei auf dreyerlai lusst haben mag, mit hirschen vnd gembsen zu Jagen, Auch auf demselben See mit der Segen zu vischen, Auch Ime solh Edl guet vörhen zu seiner Tafl zubringen verordnen.

darin gute und edle Forellen. Das ist auch ein besonders vergnüglicher See einem Landesfürsten, da er dort dreierlei Vergnügen haben kann: die Hirsche und Gämsen zu jagen, auf diesem See mit dem Zugnetz zu fischen, und ihm diese edlen und guten Forellen zu seiner Tafel zu bringen zu verordnen.

See am endtholcz

Bemelter See am enndtholtz, der hat auch vörhen ynnen. vnd zu disem vnd zu obgeschriben Brachssee vermaint der von Brichsen gerechtigkait zu haben. Aber der von Görtz ist Im kainer gerechtigkait gestannden, hat auch nit darauf vischen tuen lassen.

See in Antholz

Benannter See in Antholz (Antholzer See), der hat auch Forellen darin. An diesem und an oben beschriebenen Pragser See meint der (Bischof) von Brixen Rechte zu haben. Aber der (Graf) von Görz hat ihm keine Rechte zugestanden, und hat auch nicht darauf fischen lassen.

Traa

Daselb ist daz wasser · entspringt zu Toblach · Unnd rint fur Lientz · Und zu Nuchingen kumbt ein pach darein der rint aus dem Defern · genannte traa und diser pach aus dem Defern · haben wol vorhen Innen · Und so pald der Traa fur Haimfels kumbt hat sy · aschen · Unnd so ein lanndsfurst daselbst hin und wider zeucht mag er im darauf zu lusst mit der angelgerten und pern vischen · und selbs vorhen zu seines hofs notdurfft bringen lassen ·

Tallerpach

Der genannter · Taller pach · der hat vorhen Innen · Und der rint

Traa

Dasselb vischwasser entspringt zu toblach Vnnd Rint fur Luentz, vnd zu Ynchingen kumbt ein pach darein, der Rint aus dem Sexten. berürte traa vnd dieser pach aus dem Sexten haben Wol vörhen ynnen. Vnd so pald die Traa fur hainfels kumbt, hat Sy Äschen. Vnnd so ein lanndsfürst daselbst hin vnd wider zeucht, mag Er Ime darauf zu lusst mit der Muschgeten vnd pern Vischen vnd solh vörhen zu seines Hofs notdurfft bringen lassen.

Drau

Dieses Fischgewässer entspringt bei Toblach, rinnt an Lienz vorbei, und bei Innichen rinnt ein Bach hinein, der aus Sexten kommt. Betreffende Drau und dieser Bach aus Sexten haben viele Forellen darin, und sobald die Drau an Heinfels vorbeikommt hat sie auch Äschen. Wenn ein Landesfürst dort hin und wieder vorbei zieht, kann er zum Vergnügen darin mit Netzreuse oder Netzhamen fischen und die Forellen zu seines Hofes Bedarf bringen lassen.

Tallerpach

Obgenannter Tallerpach, der hat vorhen ynnen, vnd der Rint

Thalerbach

Oben genannter Thalerbach, der hat Forellen darin und rinnt

Auch in die Trag. Vnd so ein Lanndsfürst daselbst ist mag er Ime selben pach zu notdurfft seiner kuchl auch zu vischen verordnen.

Vilgratnpach

Der selb pach vilgraten der rint zu Hainfels für. vnd das ist ein vischreicher pach. der wol vorhen innen hat. Wann so ein Lanndsfürst zu Hainfels oder anndern ennden daselbsumb ligt. mag er Ime den zu vnderhaltung seines hofs zu vischen verordnen. oder Ime die vorhen daselbs vahen vnd Ime an annder lannd bringen lassen.

Auch in die Traa. Vnd so ein lanndsfürst daselbst ist, mag Er Ime solhen pach zu notdurfft seiner kuchl auch zu vischen verordnen.

auch in die Drau. Und wenn ein Landesfürst dort ist, so kann er verordnen diesen Bach zum Bedarf seiner Küche zu befischen.

Vilgratnpach

Derselb pach vilgraten, der Rint zu hainfels fur vnd ist ein Vischreicher pach, der wol vörhen ynnen hat. Vnnd so ein Lanndsfürst zu Hainfels oder anndern ennden daselbsumb ligt, mag Er Ime den zu underhaltung seines hofs zu vischen verordnen oder Ime die vorhen daselbs Selhen vnd Ime ain annder lannd bringen lassen.

Villgratner Bach

Dieser Villgraten Bach (Sill), der bei Heinfels vorbei rinnt ist ein fischreicher Bach, der genug Forellen darin hat. Wenn ein Landesfürst bei Heinfeld oder in anderer Gegend dort herum verweilt, kann er zum Unterhalt seines Hofes verordnen diesen zu befischen, oder er kann diese Forellen dort selchen (räuchern) und sich in ein anderes Land bringen lassen.

Ysel

Dasselb wasser Ysel. get hierauf zu dem Sloss Pruckg. vnd rint vnnder Luentz in die Traa. dis selb ysel. hat aschen vorhen vnnd rothurchen vnnen. Und zu Luentz bei dem pharrhof rinnen Auch zwen pach in die Ysel. die haben auch vorhen vnnen vnnd solher wasser mag der der Lanndsfurst. so er zu Luentz ist zu seines hofs notdurfft auch vischen lassen

Bach dofferegken

Destrinbter pach. dofferegken. der rint in die obgeschriben Ysel.

Ysel

Dasselb wasser ysel geet hinauf zu dem Sloß kiburg vnd Rint vnnder Luentz in die Traa. die selb ysel hat äschen, vörhen vnnd Rothuechen ynnen. Vnd zu luentz bei dem pharrhof Rinen Auch zwen päch in die Ysel, die haben auch vörhen ynnen. Vnnd solhe wasser mag Im der lanndsfurst, so Er zu Luentz ist, zu seines hofs notdurfft auch vischen lassen.

Isel

Dieses Gewässer Isel geht hinauf zum Schloss Kinburg und rinnt unter Lienz in die Drau. Diese Isel hat Äschen, Forellen und Huchen darin. Und in Lienz beim Pfarrhof rinnen zwei Bäche in die Isel, die auch Forellen darin haben. Diese Gewässer kann sich der Landesfürst, wenn er in Lienz ist, für seines Hofes Bedarf auch befischen lassen.

Pach dofferegken

Bestimbter pach Dofferegken der Rint in die obgeschriben Ysel,

Bach Defereggen

Bestimmter Defereggerbach (Schwarzach) der rinnt in die oben beschriebene Isel, der hat auch vorhen · Jnnen den mag Jm ein lanndsfurst auch zu notdurfft seiner kuchl · so er an denselben ennden vnnd kuentz ligt · zu vischen bevelhen ·

Pach in kals

Gemelter pach in kals · der rint auch in die Ysel · der hat vorhen · Jnnen den mag ein lanndsfurst auch zu vischen verordnen · so er an denselben ennden ligt

Dobannt pach

Derselb · dobannt pach · der rint wid kuentz in die Traa · der auch Jnnen vorhen vnnd äschen der hat Auch vörhen ynnen. den mag Im ein lanndsfurst Auch zu notdurfft seiner kuchl, so Er an denselben ennden vmb Luentz ligt, zu vischen beuelhen.

der hat ebenfalls Forellen darin. Wenn ein Landesfürst in der Gegend um Lienz verweilt, kann er befehlen, den auch zum Bedarf seiner Küche zu befischen.

Pach in kals

Gemelter pach in Kals, der Rint auch in die Ysel. der hat vörhen ynnen. den mag ein lanndsfürst Auch zu vischen verordnen, so Er an denselben Ennden ligt.

Bach in Kals

Gemeldeter Bach in Kals (Kalser Bach), der rinnt auch in die Isel und hat Forellen darin. Den kann ein Landesfürst zu befischen verordnen, wenn er in der dortigen Gegend verweilt.

Dobannt pach

Derselb dobannt pach, der Rint vnder luentz in die Traa. Der auch ynnen vorhen vnnd Aschen.

Debantbach

Dieser Debantbach, der rinnt unter Lienz in die Drau. Darin sind auch Forellen und Äschen.

vnnd den sol Im ain lanndsfurst
auch. so er umb kuentz ist. zu
notdurfft seiner kuchl vischen
lassen.

Traa

Oberwarts Traa. vnnd kuentz hat
es huechen äschen vorhen parm
Nasen vnd allten Innen. die gut
vnd wolgesmach darin sein. vnd
so ain lanndsfurst daselbs umb
ist es Im zu notdurfft seins
hofs vnd kuchl. ain nutzperlichs
wasser. dann das wol visch
Innen hat auch der von Gortz
selbs wasser. albeg bis gen
ortemberg gevischt.

Vnnd den sol Im ein lanndsfurst Auch, so Er vmb luentz ist, zu notdurfft seiner kuchl vischen lassen.

Den kann ein Landesfürst, wenn er um Lienz ist, auch zum Bedarf seiner Küche befischen lassen.

Traa

Obberürte Traa vnnder luentz hat Rot huechen, Äschen, vörhen, parm, Nasen vnd Allten ynnen, die guet vnd wolgesmach darinnen seien. Vnd so ein lanndsfürst daselbsvmb, ist es Im zu notdurfft seins hofs vnd kuchl ein nutzperlichs wasser, dann das wol visch ynnen hat. Auch der von Gortz solhs wasser alweg bis gen ortennberg gevischt.

Drau

Oben benannte Drau unterhalb Lienz hat Huchen, Äschen, Forellen, Barben, Nasen und Döbel darin, die gut und wohlschmeckend sind. Wenn ein Landesfürst dort herum ist, kann es ihm zum Bedarf seines Hofes und Küche ein nutzbringendes Gewässer sein, da viele Fische darin sind. Auch der (Graf) von Görz hat in diesem Gewässer stets bis nach Ortenberg gefischt.

Wasser Kientz

Vrotzgenanntes wasser kuentz
das rint aus dem see zu Toblach
und kumbt in die Gysach und
solhs wasser kuentz hat wol
vorhen und asthen Jnner und die
bemelten vorhen und asthen
mag man einem lanndsfurstn
auch zu notdurfft seins hofs
vahen und zu bringen.

Pach aus Brachs

Derselb pach der rint aus dem tal
Brachs und kumbt in die vorge
schriben kuentz der hat auch vorhn
Jnnen der mag dem lanndsfurstn
zu sambt den anndern wassern
und pachen zu notdurfft seiner
kuchl gevischt werden.

Wasser Ruencz

Yetzgenanntes wasser Ruentz, das Rint aus dem See zu Toblach vnd kumbt in die Eysach. vnd sohls wasser Ruentz hat wol vörhen vnd äschen ynnen, Vnd die berürten Vorhen vnd äschen mag man einem lanndsfursten auch zu notdurfft seines hofs vischen vnd zu bringen.

Gewässer Rienz

Jetzt genanntes Gewässer Rienz, das aus dem Toblacher See rinnt und in den Eisack gelangt. Dieses Gewässer Rienz hat genug Forellen und Äschen darin, und die genannten Forellen und Äschen soll man einem Landesfürsten auch zum Bedarf seines Hofes fischen und beibringen.

Pach aus Brachs

Derselb pach, der Rint aus dem tal Brachs vnd kumbt in die vorgeschriben Ruentz. der hat auch vorhen ynnen. der mag dem lanndsfursten zu sambt den anndern wassern vnd pächen zu notdurfft seiner kuchl gevischt werden.

Bach aus Prags

Dieser Bach, der aus dem Pragser Tal rinnt (Pragser Bach) und in die vorher beschriebene Rienz gelangt, hat auch Forellen darin. Der soll dem Landesfürsten samt den anderen Gewässern und Bächen zum Bedarf seiner Küche gefischt werden.

Pach aus gschies

Obbestimbter pach aus gschieß der
rint aus dem tal gschiess · daz ist
ain sonnder berssteiger nutzper
licher pach · fur ainen lanndsfurstn
dann der wol vorhen innen hat
auch die gut und wol gsmach
darin sein · dann solher pach
frisch wasser hat Ist auch
ain pach den man ainm lannds
fursten · albeg · haygt und ver
waret · auf sein selbs zu
kunfft

Pach aus Kissens

Genannter pach aus Kissens
der hat auch vorhen innen
den solhen ain lanndsfurst
auch zu seiner hof kuchl vischen
lassen · so er daselbs umb ligt

Pach aus gschies

Obbestimbter pach aus gschiess, der Rint aus dem tal geschiess. daz ist ein sonnder lusstiger, nutzperlicher pach fur einen lanndsfursten, dann der wol vörhen ynnen hat, Auch die guet vnd wolgesmach darinen sein, dann solher pach frisch wasser hat. Ist auch ein pach, den man einen lanndsfürsten albeg hayet vnd verwaret Auf sein selbs zuekunfft.

Bach aus Gsies

Oben bestimmter Bach aus Gsies (Gsieser Bach), der aus dem Gsieser Tal rinnt, das ist ein besonders nutzbringender Bach für einen Landesfürsten, da der genug Forellen darin hat. Die auch gut und wohlschmeckend sind, da dieser Bach frisches Wasser hat. Es ist ein Bach, den man für einen Landesfürsten unentwegt hegt und verwaltet, für seine eigene Zukunft.

Pach aus Russens

Benannter pach aus Russens, der hat auch vörhen ynnen. den sol Im ein lanndsfürst Auch zu seiner hof kuchl vischen lassen, so Er daselbsumb ligt.

Bach aus Rasen

Benannter Bach aus Rasen (Antholzer Bach), der hat auch Forellen darin. Darin soll sich ein Landesfürst auch für seine Hofküche fischen lassen, so er dort verweilt.

Pach aus Tauferß

Der genannter pach aus Tauferß
der kümbt in der Rüentz, der hat
wol äsch und vorhen, Innen
denselben pach mag ime der
Lanndsfürst auch vischen
lassen, so er umb prawnegken
oder tauffers ist, Es hat auch
der von Görtz hinab unnder
prawnnegken bis in den fürtl
vischen lassen

Pach aus Taufers

Obgenannter pach aus Taufers, der kumbt in die Ruentz, der hat wol äsch vnd vörhen Ynnen. denselben pach mag Jme der Lanndsfurst Auch vischen lassen, so Er vmb prawnegken oder tauffers ist. Es hat auch der von Görtz hinab vnndter prawnnegken bis in die fintl vischen lassen.

Bach aus Taufers

Oben genannter Bach aus Taufers (Ahrn Bach), der mündet in die Rienz und hat viele Äschen und Forellen darin. Diesen Bach soll sich der Landesfürst auch befischen lassen, wenn er sich um Bruneck oder Taufers aufhält. Es hat auch der (Graf) von Görz von unter Bruneck weiter hinab bis Vintl fischen lassen.

Vischwasser umb Görtz

Wasser ysnitz

Das selb wasser Ysnitz ist ungeuer-
lichen vier meil wegs lanng zu
vischen· die hat innen· Vorhen
die bei funfftzehen pfund wegn
hat auch innen äschen parm
und allandt, und solh visch sind
gut und wol gesmach· darumen
und so ein lanndsfurst umb
Gortz ist mag er solhs visch
wassers wol geniessen· macht

Vischwasser vmb Görtz*

Wasser ysnitz

Dasselb wasser Ysnitz ist vngeuerlichen vier meil wegs lanng zu vischen, die hat ynnen Vörhen, die bei Funfftzehen phund wegen, hat auch ynnen aschen, parm vnd ällandt, vnd solh visch sind guet vnd wolgesmach darinen. Vnnd so ein lanndsfurst vmb Gortz ist, mag Er solhs visch wasser wol geniessen. möcht

Gewässer Isonzo

Dieses Gewässer Isonzo ist ungefähr vier Wegmeilen lang zu befischen. Darin sind Forellen (Marmorierte Forelle), die bis fünfzehn Pfund wiegen. Auch Äschen, Barben und Aland (Orfe) sind darin, und diese Fische sind gut und wohlschmeckend. Wenn ein Landesfürst um Görz ist, so kann er sich an diesem Fischgewässer wohl ergötzen. Er kann

* Görz

Jme auch solh vorhen zů
Bortz Velthen und Jme die
in der grafschafft tirol
oder wo er hin weil gestelt
bringen lassen·

Wasser Wippach

Detzbenannts wasser· Wippach·
ist ungeuerlichen drei vier
meil wegs lanng zu vischn
und hat Jnnen· auch vorhen
äschen parm und altn· Und·
wann ein lanndsfurst umb·
Bortz oder Wippach· ist es
Jm auch ein nutzlich wasser
dann daz wol· visch Jnnen
hat auch die gut und wol
geschmach darumb seid auch
Jme solh visch zu seiner kuchl

Jme auch solh vörhen zu Görtz Selhen vnd Jme die in die grafschafft tirol, oder wo Er hin will, geselht bringen lassen.

sich diese Forellen in Görz auch selchen (räuchern) und in die Grafschaft Tirol, oder wo er hin will, geräuchert bringen lassen.

Wasser Wippach

Yetzbenannts wasser Wippach ist Vngeuerlichen dreier meil wegs lanng zu vischen Vnd hat ynnen auch vörhen, äschen, parm vnd alten. Vnd wann ein lanndsfürst vmb Görtz oder Wippach, ist es Jm auch ein nutzlich wasser, dann daz wol visch ynnen hat, Auch die guet vnd wol gesmach darinnen sind, Auch Jme solh visch zu seiner kuchl

Gewässer Wippach

Jetzt benanntes Gewässer Wippach ist ungefähr drei Wegmeilen lang zu befischen und hat darin auch Forellen, Barben und Aiteln (Döbel). Wenn ein Landesfürst um Görz oder Wippach ist, ist es ihm auch ein nützliches Gewässer, da es viele Fische darin gibt, die auch gut und wohlschmeckend sind, und ihm diese Fische auch für seine Küche

wol erspriessen mugen · in
selhem wasser · hat ain haubt
man zu Gortz am Zavon oder
zwen darin · durch aus vergonnuß
des Lanndsfürsten

Pach Bolda

Der genannter pach Bolda · d ist auch
dreier meil wegs lanng zu vischen
der hat auch vorhen innen · Und
das ist ainem lanndsfürsten ain
lusstiger pach · zusambt dem
gejaid daselbst · damit so er da-
selbst jagt mag er solhen pach
auch zu lusst vischen lassen ·
Und in dem Jeger herbstl dabei
mit dem gefanngen wiltpret
und vischen ain lusst und
panngget haben ·

wol erspriessen mugen. In solhem wasser hat ein haubtman zu Gortz ain zawn oder zwen darin, doch aus vergonuß des Lanndsfursten.

sehr erfreuen mögen. In diesem Gewässer hat der Hauptmann von Görz ein oder zwei (Fisch)Zäune (Großreusen) darin, jedoch mit Bewilligung des Landesfürsten.

Pach Bolda

Obgenannter pach Bolda, der ist auch dreier meil wegs lanng zu vischen. der hat auch vörhen ynnen. Vnd das ist einem lanndsfursten ein lusstiger pach, zusambt dem gejaid daselbst, dann so Er daselbst jagt, mag Er solhen pach auch zu lusst vischen lassen Vnd in dem jeger hewsel dabei mit dem gefanngen wiltpret vnd vischen ein lusst vnd pannget haben.

Boldabach

Oben genannter Boldabach ist ebenfalls drei Wegmeilen lang zu befischen und hat Forellen darin. Das ist einem Landesfürsten ein vergnüglicher Bach, zusammen mit der Jagd dort. Denn wenn er dort jagt, so kann er diesen Bach zu seinem Vergnügen auch befischen lassen und in dem Jägerhäusl anbei mit dem gefangenen Wildbret und Fischen ein vergnügliches Bankett haben.

Trybusch

Vnd dieselb · Tribusch · ist auch
vngeuerlichen dreier meyl
wegs lanng zu vischen · Vnd
ligt zu negst · bei dem parch ·
Bolda · die hat auch vorchen ynnen ·
Vnd stosst auch an die gejaid
daselbst hat auch ain Jeger
gewest · Vnnd der lannds
furst mag · Inmassen mit jagen
vnd vischen lusst haben · von
bei dem vorgeschriben Bolda
parch ·

Trybusch

Vnd dieselb Tribusch ist auch vngeuerlichen dreier meyl wegs Lanng zu vischen vnd ligt zu negst bei dem pach Bolda. die hat Auch vörhen ynnen Vnd stosst auch an die gejaid daselbst, hat auch ein jegerhewsl. Vnnd der lannds fürst mag inmassen mit jagen vnd vischen lusst haben, wie bei dem vorgeschriben Bolda pach.

Tribussa

Und diese Tribussa ist auch ungefähr drei Wegmeilen lang zu befischen. Sie liegt nahe beim Boldabach und hat ebenfalls Forellen darin. Sie grenzt auch an die Jagd dort und hat ebenfalls ein Jägerhäusl. Der Landesfürst kann sich in gleicher Weise mit Jagen und Fischen vergnügen, wie beim vorher beschriebenen Boldabach.

Maximilian I.

Maximilianus I. von Habsburg wurde am 22. März 1459 auf der Burg in Wiener Neustadt, als Sohn von Kaiser Friedrich III. und Eleonore Helenas von Portugal geboren und war somit Erzherzog von Österreich. Seine Mutter hatte Maxi(milian) in seiner Kindheit nächtelang alte portugiesische Heldensagen erzählt und ihn lieber tanzen und mit Pfeil und Bogen schießen lassen, als ihn zum Lernen anzuhalten. Maximilian entwickelte daher eine besondere nostalgische Weltanschauung, deretwegen er auch der letzte Ritter genannt wurde. Er war sein Leben lang ein glänzender Turnierkämpfer, aber ein schwacher Lateiner.
Im Jahr 1477 heiratete Maximilian I. Maria von Burgund und wurde damit Herzog von Burgund. Aus dieser Ehe stammen zwei Kinder: Philipp I. von Kastilien (1478) und Margarete von Österreich (1480). Nach seiner Heirat wurde Maximilian 1478 in Brügge zum Ritter geschlagen und danach zum Souverän des Ordens vom Goldenen Vlies ernannt. Nach dem frühen Tod seiner Frau Maria durch einen Jagdunfall im Jahr 1482 fielen Maximilian bzw. seinem Sohn die Niederlande, die Freigrafschaft Burgund und das eigentliche Herzogtum Burgund zu, das allerdings französisches Lehen war und sofort von Frankreich besetzt wurde.
Im Jahr 1486 wurde Maximilian I., noch zu Lebzeiten seines Vaters, römisch-deutscher König. Im langwierigen Krieg gegen die Franzosen stand Maximilian nicht nur einmal am Rand der Niederlage. 1488 wurde er in Brügge sogar von seinen eigenen unzufriedenen Untertanen ins Gefängnis geworfen, sein Vater stellte aber eine Armee zusammen, und befreite ihn.
Im Jahr 1490 verzichtete Sigmund von Tirol zugunsten Maximilians I. auf die Regentschaft in Tirol, Oberösterreich, die Vorlande und die verbliebenen Stammlande, und sorgte so für die Wiedervereinigung der Habsburgischen Besitzungen. Nach dem Tod seines Vaters, im Jahre 1493 trat Maximilian als römisch-deutscher König dessen Nachfolge an. Im Jahr 1494 vermählte sich Maximilian in zweiter Ehe mit der Prinzessin Bianca Maria Sforza, Tochter des Herzogs Galeazzo Maria Sforza von Mailand. Die Ehe blieb kinderlos.
Im Jahr 1495 initiierte Maximilian I. auf dem Reichstag zu Worms eine umfassende Reichsreform, die eine reichsweite Steuer, den Gemeinen Pfennig, und einen Ewigen Landfrieden vorsah. Er bildete mit dem Herzog von Mailand, der Republik Venedig, Papst Alexander VI. und König Ferdinand II. die Heilige Liga. Maximilian verlobte seine Tochter Margarete mit Ferdinands Sohn Juan, dem Erben der Kronen Aragons und Kastiliens und verheiratete im Jahr 1496 seinen Sohn Philipp mit Ferdinands Tochter Johanna, die später "die Wahnsinnige" genannt wurde. Deren gemeinsame Sohn Karl V. wurde später zum Erben des größten Weltreiches in der Geschichte, in dem "die Sonne niemals unterging".
Mit dem letzten meinhardinischen Fürsten, Graf Leonhard von Görz, handelte Maximilian I. ab 1497 einen Erbvertrag aus, der später den Habsburgern die Grafschaft Görz einbrachte. Um seine weit auseinander liegenden Herrschaftsgebiete besser regieren zu können, und weil er außerdem einen alten persönlichen Groll gegen Wien hegte, verlegte Maximilian seine Residenz in die Innsbrucker Hofburg. Zur Feier der Zeitenwende im Jahr 1500 ließ Maximilian Innsbrucks Wahrzeichen "Goldenes Dachl" errichten. Im Jahr 1508 nahm Maximilian mit Zustimmung von Papst Julius II. im Dom zu Trient den Titel "erwählter Kaiser" des Heiligen Römischen Reiches an.
Um nach dem erfolgten Erwerb des reichen Burgund und dem bevorstehenden Erwerb des großen spanischen Kolonialreiches auch Böhmen und Ungarn für das Haus Habsburg zu sichern, traf sich Maximilian I. 1515 mit den jagiellonischen Königen Wladislaw II. von Ungarn und Böhmen und Sigismund I. von Polen in der Nähe von Wien. Die dabei arrangierten Hochzeiten brachten dem Haus Habsburg ein Jahrzehnt später tatsächlich die Kronen von Ungarn und Böhmen ein. Auf die erfolgreiche Heiratspolitik von Maximilian wurde der treffende Spruch geprägt "Mögen andere Kriege führen – du, glückliches Österreich, heirate!".
Maximilian I. starb auf einer beschwerlichen Reise von Innsbruck zum Landtag nach Linz am 12. Januar 1519 in der Burg von Wels. Er wurde entsprechend seiner letztwilligen Verfügung in seiner Taufkirche, der Sankt Georgs Kapelle der Wiener Neustädter Burg beigesetzt. Leer steht hingegen sein berühmtes großes Grabmal in der Innsbrucker Hofkirche mit zahlreichen Bronzefiguren, die der Hofkirche Innsbruck zu ihrem Beinamen "Schwarzmanderkirche" verholfen haben, und an denen unter anderem Albrecht Dürer, der seit 1512 für Maximilian gearbeitet hatte, mitgewirkt hat.

Kaiser Maximilian I., Öl auf Lindenholz, Albrecht Dürer, 1519 (Kunsthistorisches Museum, Wien)

Fischarten

Bezeichnung der Fischarten

Früher	Heute	Wissenschaftlich
Allandt	Orfen	*Leuciscus idus* Linnaeus, 1758
Alen	Aale	*Anguilla anguilla* Linnaeus, 1758
Allten, Alten	Döbel	*Leuciscus cephalus* Linnaeus, 1758
Aschen, Äschen	Äschen	*Thymallus thymallus* Linnaeus, 1758
Goltvörhen, Selbing	Seesaiblinge	*Salvelinus alpinus* Linnaeus, 1758
Grundeln, Grunndelen	Gründlinge	*Gobio gobio* Linnaeus, 1758
Gruntvörhen	Seeforellen	*Salmo trutta* f. *lacustris* Linnaeus, 1758
Haslen, Hasselen	Haseln	*Leuciscus leuciscus* Linnaeus, 1758
Hechten	Hechte	*Esox lucius* Linnaeus, 1758
Kerpfen, Kerphen	Karpfen	*Cyprinus carpio* Linnaeus, 1758
Krebsen	Edelkrebse	*Astacus astacus* Linnaeus, 1758
Lampreten	Bachneunaugen	*Lampetra planeri* Bloch, 1784
Nasen	Nasen	*Chondrostoma nasus* Linnaeus, 1758
Parm	Barben	*Barbus barbus* Linnaeus, 1758
Persing, Anpaß	Flussbarsche	*Perca fluviatilis* Linnaeus, 1758
Phrillen, Phrilen	Elritzen	*Phoxinus phoxinus* Linnaeus, 1758
Prächsen, Präxen	Brachsen	*Abramis brama* Linnaeus, 1758
Renncken, Velkhen	Renken, Felchen	*Coregonus lavaretus* Linnaeus, 1758
Rothuechen	Huchen	*Hucho hucho* Linnaeus, 1758
Rutten	Rutten	*Lota lota* Linnaeus, 1758
Slein	Schleien	*Tinca tinca* Linnaeus, 1758
Tolben	Koppen	*Cottus gobio* Linnaeus, 1758
Vorhen, Vörhen	Bachforellen	*Salmo trutta* f. *fario* Linnaeus, 1758

Literatur

Buchner R., 1959: Maximilian I. - Kaiser an der Zeitenwende. Muster-Schmidt, Göttingen. 100 Seiten.

Größing S.M., 2002: Maximilian I. - Kaiser, Künstler, Kämpfer. Amalthea Verlag, Wien. 304 Seiten.

Hollegger M., 2005: Maximilian I. (1459-1519): Herrscher und Mensch einer Zeitenwende. W. Kohlhammer, Stuttgart. 322 Seiten.

Mayr M., 1901: Das Fischereibuch Kaiser Maximilians I. Wagner'sche Universitätsbuchhandlung, Innsbruck. 52 Seiten.

Niederwolfsgruber F., 1965: Kaiser Maximilians I. Jagd- und Fischereibücher. Jagd und Fischerei in den Alpenländern im 16. Jahrhundert. Pinguin Verlag, Innsbruck. 75 Seiten.

Unterkircher F., 1967: Das Tiroler Fischereibuch Maximilians I. - Text und Faksimile. Verlag Styria, Graz. 2 Bände, 152 + 56 Seiten.